Harro Hieronimus

Mein
Wellensittich
zu Hause

bede bei Ulmer

Inhalts-
verzeichnis

» Klettern und Spielen
gehört zum Wellensittichleben.

Vorwort

Seit seiner Ersteinfuhr gehört der Wellensittich zu den beliebtesten Heimtiervögeln. Seine leichte Züchtbarkeit hat dazu geführt, dass er schnell in großer Zahl vermehrt wurde und die von Australien bald darauf erlassene Exportsperre kein Hindernis für die weite Verbreitung darstellte. Als Heimtier weist er zahlreiche Vorteile auf: Er ist leicht zu ernähren, braucht nicht viel Käfigplatz und wird schnell zahm. Außerdem ist seine Stimme durchaus melodisch und für viele Menschen angenehm. Natürlich darf uns das nicht dazu veranlassen, seine Pflege zu vernachlässigen. Abwechslungsreiches Futter und regelmäßiger Freiflug gehören zu einem gesunden Wellensittich unbedingt dazu! Auch kann seine Stimme, wenn ihm etwas nicht gefällt, durchaus schrill und durchdringend sein. Aber das liegt ja in unserer Hand.

>> In größeren Volieren kann man Vogelsand auch in Schalen reichen.

>> Das Angebot an geeignetem Wellensittich-spielzeug ist sehr groß.

Die Wellensittichzucht hat sich relativ kurz nach Beginn bereits in zwei verschiedene Richtungen entwickelt. Zum einen ist die so genannte Hochzucht zu nennen. Diese für Ausstellungszwecke gezüchteten Wellensittiche sind größer und schwerer als der Wildtyp und für die Heimhaltung weniger geeignet. Vor allem die Weibchen werden schnell recht träge und sind nicht die munteren Stubengenossen, die wir kennen. Deswegen soll von diesem Vogeltyp, der kaum in den normalen Handel gelangt, hier nicht die Rede sein. In diesem Buch geht es um den so genannten „Hansi-Bubi-Typ", also den millionenfach im Haushalt gepflegten kleineren Wellensittich, der auch dem Wildtyp mehr ähnelt. Diese Vögel sind zeitlebens munter, brauchen aber auch viel Beschäftigung und können sich schnell vom bloßen Anschauungsobjekt zu einem Partner entwickeln.

Systematik

Der wissenschaftliche Name des Wellensittichs lautet *Melopsittacus undulatus*, was übersetzt in etwa bedeutet: der gewellte melodische Papagei. Einige seiner Eigenschaften sind darin schon beschrieben. So bezieht sich „gewellt" auf die dunkle Gefiederfärbung, die bei der in Gelb und Grün gehaltenen Wildform über dem Kopf und auf den oberen Deckfedern der Schwingen liegt. Das „melodische" bezieht sich auf die Stimme des Wellensittichs. Es mag zwar dem einen oder anderen rätselhaft sein, wie man den Klang der Wellensittichstimme im Vergleich zu anderen Vögeln, etwa Singvögeln, als melodisch bezeichnen kann, aber im Vergleich zu seinen Verwandten, bei denen das laute Kreischen zu den normalen Lebensäußerungen gehört, trifft dies durchaus zu. Denn diese Verwandten sind die Papageien und Sittiche, bei denen vor allem die größeren Exemplare, aber manchmal auch so manche gerade wellensittichgroße Vertreter durchdringende Schreie von sich geben können. Die Sittiche als Unterfamilie der Papageien, Psittacidae, gehören aber allgemein zu den leiseren Vertretern der Papageienvögel. Nur selten findet man hier wirklich laute Schreier, dafür neben dem Wellensittich noch weitere, eher melodisch zwitschernde Sittiche.

Der deutsche Name leitet sich direkt vom wissenschaftlichen ab. Im Englischen heißt der Wellensittich dagegen „budgerigar", eine Bezeichnung, die sich von der Bezeichnung der australischen Ureinwohner, der Aborigines, ableitet, „gijirrigaa". Dieses soll so viel bedeuten wie „schmeckt gut" oder „leckeres Essen", auch heute noch wird der Wellensittich ab und zu von den Aborigines verzehrt.

SYSTEMATIK

Wellensittich	
Klasse:	Aves (Vögel)
Ordnung:	Psittaciformes (Papageienartige)
Familie:	Psittacidae (Papageien)
Unterfamilie:	Psittacinae (Echte Papageien)
Tribus:	Platycercini (Plattschweifsittiche)
Gattung:	*Melopsittacus* (Wellensittiche)
Art:	*Melopsittacus undulatus* (Wellensittich)
	(Shaw, 1805)

Shaw hatte den Wellensittich 1805 noch als *Psittacus undulatus* zum ersten Mal wissenschaftlich beschrieben, aber erst Gould gab ihm 1840 den bis heute gültigen Gattungsnamen. Der Wellensittich ist der einzige Vertreter seiner Gattung, er hat unter den anderen Sittichen keine besonders nahen Verwandten, vor allem durch seine Färbung kann er mit keinem anderen Plattschweifsittich verwechselt werden.
Die Heimat des Wellensittichs ist Australien. Dort lebt er in großen Schwärmen von oft mehreren Millionen Exemplaren. Wellensittiche sind Strichvögel, die kein festes Gebiet bewohnen, sondern sich nach dem Nahrungsangebot richten und dorthin fliegen, wo es viel zu fressen gibt. Das ist immer dort, wo es ausgiebig geregnet hat und die Blüten viele Samen hervorbringen. In Zeiten mit reichlichem Nahrungsangebot wird auch die Brut begonnen.

≫ **Wellensittiche brauchen die Gesellschaft ihrer Artgenossen – so fühlen sie sich rundum wohl.**

≫ Die offenen Grasflächen, Savannen und Steppen im Inneren Australiens bieten den Wellensittichschwärmen einen idealen Lebensraum.

Geschichte

Gould war es auch, der 1840 die ersten lebenden Exemplare nach England einführte. Danach wurden immer wieder einige Exemplare eingeführt. Bezüglich der ersten Nachzucht verweisen fast alle Angaben auf die Gräfin von Schwerin, der 1855 in Berlin die Nachzucht gelang. Möglicherweise gab es aber auch schon 1850 im Zoo von Antwerpen die erste europäische Nachzucht. Bereits 1860 hatten sich zahlreiche Züchter auf den Wellensittich konzentriert, so wurden bereits Zehntausende nachgezüchtet. 1884 erließ Australien dann sein bis heute geltendes Exportverbot für alle Tiere und Pflanzen, sodass Wildfänge heute eine ganz große Ausnahme sind und eigentlich alle bei uns gehaltenen Wellensittiche aus alteingesessenen Zuchtstämmen stammen. In Deutschland werden derzeit etwa 4,6 Millionen Ziervögel gehalten, darunter stellen die Wellensittiche mit etwa 2 Millionen die größte Gruppe.

>> Wellensittiche leben abängig von den Regenfällen nomadisch in kleinen Gruppen und in großen Schwärmen, bei langanhaltender Trockenheit wandern sie in Gebiete mit einem besseren Nahrungsangebot ab.

Farbformen

Die wilden Wellensittiche in Australien haben alle eine grüne Brust sowie eine gelbe Gesichtsmaske mit einem blauen Fleck unterhalb der Bäckchen. Zwar kommen dort auch immer Farbabweichungen vor, doch diese fallen regelmäßig Raubvögeln zum Opfer, die anders gezeichnete Wellensittiche inmitten des Schwarms besonders leicht erkennen und damit erbeuten können. Bereits um 1870 entstanden aber die ersten Nachzuchten, bei denen die grüne Farbe ausgefallen war, die also gelb aussahen. Nur wenige Jahre später traten dann erstmals die blauen Wellensittiche bei Jungvögeln auf, die sich inzwischen zur beliebtesten Farbform entwickelt haben und die wildfarbenen, so genannten grünen Wellensittiche zwar nicht verdrängt, aber überholt haben.

Inzwischen unterscheidet man etwa 50 verschiedene Farbschläge. Besonders hervorzuheben sind die Inos, die durch ihre roten Augen auffallen. Der Albino hat weißes, der Lutino gelbes Gefieder. Welchen dieser Farbschläge man sich zulegt, ist eigentlich nur dem persönlichen Geschmack überlassen. Wichtig ist nur, dass bei einigen wenigen Farben die blauen Farben zwar beim Gefieder vorhanden sind, aber nicht auf der Nasenhaut (so bei Inovögeln und rezessiven Schecken).

» Hier ein Haubenwellensittich, mit einem schön leuchtend blauen Fleck unterhalb des Bäckchens.

Vorurteile

1. Wellensittiche sind laut
Wellensittiche haben eine eher leise, zwitschernde Stimme. Wenn Sie kreischen, dann haben sie einen Grund dafür. Entweder es stimmt in ihrer Umgebung nicht oder Sie halten zwei Weibchen (siehe unten).

2. Wellensittiche machen nur Dreck
Hier steckt ein Körnchen Wahrheit: Wer eine klinisch saubere Wohnung haben will, darf sich keinen Wellensittich zulegen. Beim Freiflug und in der Käfigumgebung hinterlässt ein Vogel Spuren.

3. Nur Einzelvögel lernen Sprechen
Längst nicht alle Einzelvögel lernen Sprechen. Das hängt vom persönlichen Talent ab. Mit Rücksicht auf den Vogel sollten wir einen Wellensittich aber niemals einzeln halten.

4. Pärchen erzeugen Nachwuchs
Wenn wir Wellensittichen keine Höhle anbieten, wird ein Pärchen auch keinen Nachwuchs erzeugen. Das heißt nicht, dass wir kein Ei am Boden des Käfigs finden, es wird aber nicht bebrütet.

5. Papageien übertragen die Papageienkrankheit
Damit dies verhindert wird, müssen nicht nur alle Papageienvögel einen Ring tragen, sondern die Nachzucht ist auch an bestimmte Auflagen und Kontrollen gebunden. Deswegen braucht man sich keine Gedanken um eine mögliche Infektion mit dieser Krankheit, die besser als Ornithose bezeichnet wird, zu machen.

Überlegungen vor dem Kauf

Für wen sind Wellensittiche geeignet?

Grundsätzlich eignen sich Wellensittiche für jeden, vom Kind bis zum Senior. Allerdings ist gerade bei Kindern einiges zu beachten. So sind Kinder bis zum Alter von etwa acht Jahren zwar oft schnell für einen Wellensittich zu begeistern, nach ein paar Wochen lässt die Begeisterung jedoch meist schnell nach und danach ist es in der Regel die Mutter, die sich um den Vogel kümmern muss. Erst ab etwa acht Jahren sind Kinder in der Lage, die Notwendigkeit der längeren Beschäftigung zu verstehen und sich auch jahrelang um das Heimtier zu kümmern.

Natürlich müssen alle im Haushalt mit der Anschaffung einverstanden sein. Als Wellensittichbesitzer muss man sich bestimmten Anforderungen stellen. Bevor die Haustür oder ein Fenster geöffnet werden, muss sichergestellt werden, dass der Vogel entweder im verschlossenen Käfig oder in einem anderen Raum mit geschlossenem Zugang ist. Auch wer auf ständige Sauberkeit bedacht ist, wird an einem Wellensittich – wie an jedem anderen Vogel – nicht viel Freude haben. Umherfliegende Spelzen, die kleinen Kötel am Lieblingsplatz, einige Federchen und vor allem der Gefiederstaub sind Erscheinungen, die ein Wellensittichfreund klaglos hinnehmen muss.

Gerade der Gefiederstaub ist aber auch die größte Gefahr für Allergiker. Deswegen ist vor der Anschaffung ernsthaft zu überlegen, ob man bei allen Haushaltsmitgliedern einen Allergietest auf Vogelstaub durchführen sollte. Hautärzte und Allergologen können dies schnell und schmerzfrei erledigen. Bei einer erkannten Vogelstauballergie sollten Sie unbedingt auf den Erwerb eines Wellensittichs oder eines anderen Vogels verzichten.

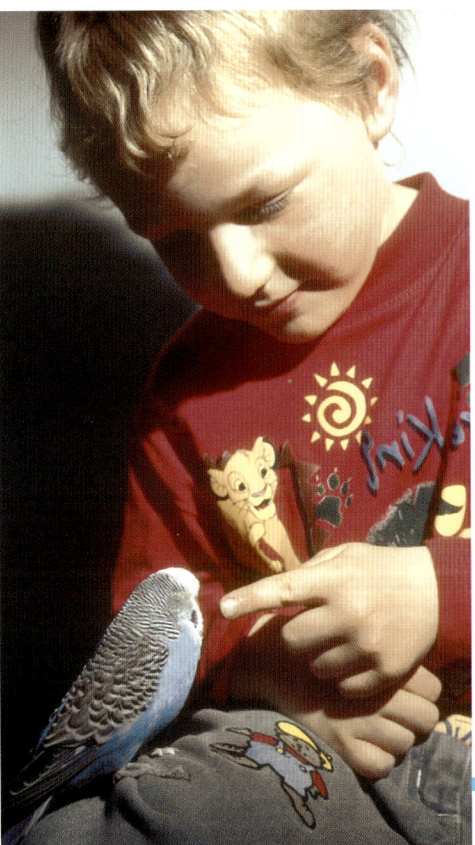

> ### ▶ WELLENSITTICH IN DER WOHNUNG
> **Auch das sollten Sie wissen!**
> Auch die kleinen, lieben Wellensittiche haben einen starken Schnabel, mit dem sie alles untersuchen, was in ihre Umgebung kommt.
> Papier kann geradezu systematisch zerschnitzelt werden, Kugelschreiber werden vom Tisch geschubst, allerdings können auch Kabel angebissen werden. Diese müssen deswegen besonders geschützt werden, etwa durch ein Rohr. Gerade hoch gelegene Lampen oder Gardinenstangen werden gerne aufgesucht, dort werden leider auch Kötel abgesetzt.
> Wichtig ist auch, dass Schränke dicht an der Wand stehen (oder weit genug weg, damit der Wellensittich notfalls wieder herausklettern kann).

> ≫ Sollten die Kinder noch nicht über die nötige Reife verfügen, kann der Umgang mit dem Haustier nur unter Aufsicht erfolgen.

Bitte keine „Einzelhaft"!

Noch bis vor wenigen Jahren hielt man Wellensittiche meist einzeln. Das sollte aber heute der Vergangenheit angehören, mindestens zwei Wellensittiche sollten es schon sein. Das Einzige, auf das Sie dann wahrscheinlich verzichten müssen, ist das so genannte „Sprechen" der Wellensittiche. Denn Wellensittiche gehören grundsätzlich, wie alle Papageien, zur Gruppe der so genannten „Spottvögel", sie können also Laute nachahmen. Das machen sie aber nur, wenn sie keinen Partner und Langeweile haben – ein unbefriedigender Zustand. Bei Haltung von zwei oder mehr Vögeln ist es schwerer, aber nicht unmöglich. Deswegen sollten Sie auf diese nicht mehr zeitgemäße „Eigenschaft" verzichten und lieber mindestens zwei fröhliche und sich natürliche verhaltende Wellensittiche pflegen.

Bei Haltung von zwei oder mehr Vögeln stirbt natürlich einer früher als der andere. Damit kein einzelner Wellensittich gehalten wird, können Sie problemlos einen Vogel (vielleicht einen Einzelgänger aus dem Tierheim?) dazusetzen – nur kein weiteres Weibchen, wenn der noch vorhandene Vogel ebenfalls ein Weibchen ist. Diese vertragen sich nur schwer.

Wellensittiche als Spielgefährten?

Richtig spielen kann man mit einem Wellensittich zwar nicht, aber im Rahmen der Beschäftigung mit den kleinen Kobolden können Sie doch auch in näheren Kontakt mit ihnen kommen und als „einer der ihren" akzeptiert werden. Gerade bei dem notwendigen Freiflug kann man mit einem kleinen Stöckchen, einem Spiegel oder einem anderen Gegenstand, an den die Wellensittiche gewöhnt wurden, ihre Aufmerksamkeit erregen und mit ihnen spielen. Vertraute Wellensittiche lassen sich auch durchaus vom Menschen kraulen und fühlen sich dabei wohl.

► **ERFOLGSTIPP**

Keine Einzelhaltung!
Einzeln gehaltene Wellensittiche kümmern oft vor sich hin, weil Wellensittiche sehr viel Beschäftigung brauchen und sich gerne miteinander beschäftigen.

» **Wenn Leckerbissen keine Ausnahme sind, kommt es auch selten zu Streitereien darum.**

Männchen oder Weibchen?

Bei Wellensittichen ist es problemlos möglich, ein Pärchen anzuschaffen. Diese vertragen sich und vermehren sich auch nicht, wenn wir keine Höhle ins Nest hängen (später mehr dazu, warum dies problematisch ist, die Zucht ist nämlich genehmigungspflichtig). Allerdings ist die Geschlechtsunterscheidung bei jungen Vögeln ausgesprochen schwierig. Äußerlich sichtbares Unterscheidungsmerkmal ist die Nasenhaut, die direkt über dem Schnabel sitzt und bei Männchen blau, bei Weibchen braun ist. Das gilt allerdings nur für erwachsene Vögel und auch nicht für rezessive Schecken und Inovögel, bei denen die Nasenhaut beim Männchen auch im Alter häufig noch rosa ist.

Alle Jungvögel, gleich welchen Geschlechts, haben eine rosafarbene Nasenhaut, was die Geschlechtsunterscheidung selbst für erfahrene Pfleger schwierig macht. Bei den Weibchen geht die Wachshautfärbung nicht ganz in die Nasenlöcher hinein, sie haben einen weißen Hof rund um die Nasenöffnungen, der aber nur bei genauem Hinsehen erkennbar ist. Züchter können die Geschlechter auch schon am etwas breiteren Kopf der Weibchen erkennen, da gehört aber viel Erfahrung dazu.

Unproblematisch ist neben der Anschaffung eines Pärchens auch die zweier Männchen. Diese vertragen sich gut miteinander und bleiben befreundet. Das muss leider nicht für alle Weibchen zutreffen. Die Damen können recht zickig werden, wenn sie geschlechtsreif sind (ab einem Alter von etwa neun Monaten) und sich kreischende Wortgefechte und schließlich auch Beißereien liefern. Jung zusammengesetzt, geht es aber meist gut, mit zwei erwachsenen Weibchen ist es fast aussichtslos.

Männchen und Weibchen haben leicht unterschiedliche Eigenschaften. Männchen sind meist flugfreudiger, lernen mit viel Vorsprechen vielleicht doch einmal „Sprechen", also das mehr oder manchmal auch weniger krächzende Nachahmen von Sprache (die Talente sind da ganz unterschiedlich, es hilft nur Probieren). Sie beißen auch nicht so fest wie Weibchen, die in der Natur verstärkt die Höhle ausnagen und daher einen kräftigeren Schnabel haben. Dazu mehr beim Kapitel Verhalten. Weibchen dagegen neigen eher dazu, öfter ruhig an einer Stelle zu sitzen, sie haben allerdings naturbedingt einen stärkeren Drang, Gegenstände mit dem Schnabel zu untersuchen.

» **Wellensittiche fühlen sich nur in der Gruppe wohl und nicht in Einzelhaltung.**

Wo kaufen?

Der normale Weg führt in den Zoofachhandel. Achten Sie darauf, dass die Vogelanlage von den anderen Verkaufsräumen durch eine separate Schleuse getrennt ist. So werden die Vögel seltener gestört und nur die echten Interessenten schauen sich ihre zukünftigen Hausgenossen genauer an. Achten Sie unbedingt darauf, dass der Wellensittich beringt ist, da dies eine Vorschrift ist. Das gilt ganz besonders beim Kauf von Privatleuten. Die meisten Züchter, die die „normalen" Wellensittiche für die Haltung im Haus züchten, verkaufen nur über den Zoofachhandel. Ausstellungszüchter geben aber häufig ihre nicht ganz so prächtigen, aber für die Haushaltung immer noch geeigneten Vögel an Privatleute ab. Diese Wellensittiche haben fast immer einen geschlossenen Ring, während die Nachzuchten im Fachhandel oft einen offenen Ring tragen (und dies auch dürfen). Ausstellungsvögel sind größer und schwerer als die normalen Wellensittiche. Vor allem bei den Weibchen kommt es vor, dass diese ab einem Alter von etwa zwei Jahren sehr ruhig werden und dann fast nur noch im Käfig hocken.

Sie sollten also versuchen, zwei Männchen zu bekommen. Auch Tierheime haben relativ häufig Wellensittiche gegen eine geringe Schutzgebühr anzubieten.

Häusliche Probleme, langwierige Krankheiten, Allergien und schlimmstenfalls ein Todesfall sind die Hauptursachen, meist ist sogar schon ein Käfig dabei.

≫ **Beobachten Sie die Vögel vor dem Kauf eine Weile – wählen Sie gegebenenfalls Tiere, welche schon im Zooladen gut miteinander harmonieren.**

▶ **INFOBOX**

Wellensittiche als Geschenk?

Natürlich kann man auch Wellensittiche verschenken, aber nur, wenn alle Beteiligten damit einverstanden sind und Bescheid wissen. So werden die neuen Mitbewohner freudig empfangen und können sich schnell eingewöhnen. Selbst wenn die Neuen willkommen sind, das Geschenk aber eine Überraschung ist, wissen die neuen Besitzer ja meist nicht, wie sie sich verhalten sollen und haben vielleicht auch nicht ausreichend Futter da. Etwas anders sieht es aus, wenn Kinder durch ihre Eltern überrascht werden sollen, hier haben diese natürlich schon alles entsprechend vorbereitet.

Gesundheitscheck

Grundsätzlich gilt: Kaufen Sie niemals einen kranken Vogel, besonders nicht aus Mitleid. Der Verkäufer hat viel bessere Möglichkeiten zur Behandlung und kann den Wellensittich besser kurieren als in der Vogelhaltung Unerfahrene. Es kann immer einmal vorkommen, dass in einer Verkaufsanlage ein Problem auftritt. Es darf nur nicht häufiger passieren.

Selbst in einem großen Schwarm Wellensittiche in einer Verkaufsanlage lassen sich fast alle Mitglieder durch ein kleines Merkmal unterscheiden, meist durch eine etwas andere Färbung; bei jungen Wellensittichen aber auch durch die Befiederung, denn die eine oder andere Feder kann da noch fehlen. Beobachten Sie Ihren Wellensittich einige Zeit lang. Er muss unbedingt eine kleine Strecke fliegen. Es gibt nämlich bei Wellensittichen die so genannte Rennerkrankheit. Diese auch „französische Mauser" genannte Erkrankung, deren Ursachen noch unbekannt sind, führt dazu, dass die großen, zum Fliegen notwendigen Federn immer wieder schnell ausfallen und es dem Vogel nicht gelingt zu fliegen. In seltenen Fällen kann nach etwa einem Jahr eine Heilung eintreten. Wenn Sie einen Renner gekauft haben, so müssen Sie den Käfig entsprechend einrichten und alles für einen „Laufvogel" erreichbar gestalten. Auch scheint die Lebenserwartung niedriger zu sein. Trotzdem können es muntere Vögel sein, die eben nur nicht fliegen.

Es kommt immer mal vor, dass eine Feder umgeknickt ist. Das passiert beim Spiel oder ist noch in der Wurfbox passiert. Das ist kein Hinderungsgrund für einen Kauf. Eine solche Feder kann auch mit einem kurzen Ruck gezogen werden, es kommt dann aber leicht zu einer kleinen, harmlosen Blutung. Die Feder wächst dann aber schneller wieder nach.

Zum Schlafen plustern sich die Wellensittiche auf und stecken das Köpfchen unter das Gefieder. Allerdings kann das bei jungen Vögeln auch noch unterbleiben, ist also ganz normal. In einem Schwarm ist es aber nie so, dass nur einer – und das vielleicht auch noch abseits der Gruppe – schläft. Sitzt also ein Wellensittich abseits des Trupps mit aufgeplustertem Gefieder, fühlt er sich nicht wohl und brütet vielleicht eine Krankheit aus. Kaufen Sie hier nicht.

Zeigt auch nur einer der Wellensittiche in einer Verkaufsanlage eines der folgenden Merkmale, dann nehmen Sie bitte Abstand vom Kauf. Möglicherweise sind die anderen Vögel auch schon infiziert und beim ausgesuchten Vogel ist die Erkrankung nur noch nicht zu sehen.

Achten Sie auf den Kot. Wellensittiche koten recht häufig. Ein gesunder Kötel ist ein kleines, festes, schwärzlichbraunes Häufchen mit einem kleinen weißen Punkt auf der Spitze, der sehr schnell trocknet. Jede Art von Durchfall ist im Handel ein Alarmzeichen, das zwar eine harmlose Ursache haben kann, aber das lässt sich im Geschäft kaum feststellen.

Verklebte Gefiederstellen deuten auf eine mangelhafte Hygiene hin. Der Boden des Käfigs muss zahlreiche offene Sandstellen haben, an denen die Vögel Sand aufnehmen können. Die Einrichtungsgegenstände dürfen nicht vollständig vollgekotet sein.

Aus den Nasenlöchern darf kein Ausfluss kommen, auch Wellensittiche können Schnupfen bekommen. Natürlich darf auch das normale Atmen der Vögel kein Geräusch machen, etwa ein leichtes Rasseln oder Hüsteln. In die Hand genommen, wehrt sich ein gesunder Wellensittich; er lässt sich also auch nicht geräuschlos fangen.

>> Kein Wellensittich sieht aus wie der andere, jeder Vogel verfügt über seine individuelle Zeichnung.

Wenn man den >> Wellensittich gegriffen hat, ist ein gefühlvoller und vorsichtiger Umgang angebracht.

>> Bei einem guten Züchter ist trotz einer großen Anzahl an Vögeln der Käfig nie stark verschmutzt. Die Hygiene spielgelt sich in der Gesundheit der Vögel wieder.

Eingewöhnung

Der Transport

Wahrscheinlich erhalten Sie ihren Wellensittich in einer kleinen Transportbox aus Pappe, in der einige Luftlöcher sind, damit der Vogel ausreichend Luft bekommt. Wenn Sie gleich zwei Wellensittiche kaufen, dann müssen es auch zwei Boxen sein, damit sich die Vögel im Dunkeln nicht in die Quere kommen. Achten Sie darauf, dass die Box weder zu warm noch zu kalt steht. Ein im Sonnenlicht geparkter Wagen heizt sich sehr schnell auf, dort darf kein Wellensittich bleiben. Am besten ist ein großer Korb geeignet, der mit einem Tuch bedeckt wird. Bei einem längeren Transport sollten Sie unbedingt auf gute Abdunklung achten, damit der Vogel nicht – dem Licht folgend – die Luftlöcher ausknabbert und ausbricht.

Willkommen im neuen Zuhause

Der Käfig sollte schon fertig bestückt sein und auf den oder die neuen Bewohner warten. Alle Fenster und Türen im Raum werden geschlossen. Der Käfig wird geöffnet, die Transportbox davor gehalten und so geöffnet, dass der Vogel von selbst in den Käfig klettern kann. Die Box kann dabei etwas geneigt werden, aber es kann trotzdem etwas dauern. Der Raum sollte ausreichend hell sein.

> ▶ INFOBOX
>
> **Was tun, wenn der neue Vogel beim Einsetzen ausgebrochen ist?**
>
> Ruhe bewahren ist das Wichtigste. Der Vogel wird erst einmal im Raum ziellos herumflattern und sich dann einen Platz suchen. Lassen Sie ihn dort sitzen. Legen Sie ein Stück Kolbenhirse in die offene Käfigtür und hängen eines in den Käfig. Machen Sie keine hektischen Bewegungen und versuchen Sie nicht, den Vogel zu fangen.
> Das kann zu einem lang andauernden Trauma des Vogels etwa vor der Hand führen. Wenn das nicht hilft, warten Sie bis zur Nacht und nehmen den schlafenden Vogel dann vorsichtig von seinem Rastplatz und setzen ihn in den Käfig.

Die ersten Tage

Am ersten Tag wird der neue Hausgenosse erstmals seinen Charakter zeigen. Manche sind ruhig und eher verschüchtert, andere dagegen aufgeregt, wobei sie auf und ab klettern und jede Käfigecke besuchen und benagen und auszubrechen versuchen. Natürlich bekommen sie jetzt erst einmal frisches Futter. Alle Bewegungen sollten langsam sein, die Hand im Käfig sollte immer etwas Futter tragen. Schon nach wenigen Tagen wird der Vogel immer neugieriger und uns das Futter, etwa ein Stück Kolbenhirse oder ein Apfelstückchen, aus der Hand fressen.

▶ SANFTE EINGEWÖHNUNG

Den Wellensittich auf den Finger nehmen
Ein gesunder Wellensittich hat eigentlich keinen Grund, von sich aus auf den Finger zu klettern. Deswegen müssen wir ihn überlisten. Mit etwas leckerem Futter in der Hand nähern wir uns, bis wir direkt vor seinem Bauch sind. Mit dem Finger drücken wir nun leicht (!) gegen seinen Bauch, bis er von alleine aufsteigt. Auf keinen Fall darf man die Zehen mit den Fingern festhalten, damit machen wir den Vogel handscheu. Wenn es nicht beim ersten Mal klappt, wird am nächsten Tag vorsichtig ein neuer Versuch unternommen.

≫ Nur sehr vertraute Vögel schnäbeln miteinander. Wellensittich-Pärchen schließen einen Bund fürs Leben.

Haltung

Der Käfigstandort

Der Käfig sollte an einem hellen, zugfreien Standort stehen. Pralles Sonnenlicht über mehrere Stunden ist genauso zu vermeiden wie die dunkelste Ecke des Zimmers. Günstig ist es, den Käfig so aufzustellen, dass er in etwa Augenhöhe ist. Es wäre auch falsch, den Käfig dort zu platzieren, wo den ganzen Tag kaum jemand vorbeikommt. Die Vögel sollen sich an Bewegung vor dem Käfig gewöhnen und deshalb nicht zu abgeschieden untergebracht werden.

Der Raum, in dem die Wellensittiche ihren Freiflug bekommen sollen, darf keine offen liegenden Kabel haben oder Fensterflächen, die nicht durch Gardinen abgedeckt sind. Wellensittiche erkennen die Glasscheiben nicht und können sich beim Gegenfliegen ernsthaft verletzen. Auch darf der Käfig nicht zu dicht an der Wand stehen – wenn die kleinen Schnäbel durch die Gitter an die Wand kommen, wird diese mit Sicherheit angeknabbert.

▶ BALKON ODER TERRASSE?

Der Käfig im Freien?
Wellensittiche sind im Sommer für einen Freilandaufenthalt durchaus dankbar.
Der Käfig muss dabei unbedingt zugfrei platziert, sicher verschlossen und ausbruchssicher sein.
Auch Katzen dürfen nicht in die Nähe gelangen können.
Praller Sonnenschein muss unbedingt vermieden werden; achten Sie darauf, dass die Sonne wandert und der Käfig, der eben noch im Schatten stand, eine Stunde später schon in der prallen Sonne stehen kann.

Der Käfig: möglichst groß

Der Käfig für Wellensittiche soll so groß wie nur möglich sein. Ideal sind kleine, auf Rollen stehende Zimmervolieren, mit denen die Vögel auch einmal aus der Sonne geschoben werden können. Die meisten angebotenen Käfige für Wellensittiche sind zu klein. Für die – ungeliebte – Einzelhaltung können zur Not so genannte Pärchenkäfige verwendet werden, für zwei Vögel reicht er aber schon nicht mehr aus, auch nicht mit Freiflug. Im idealen Käfig sollten die Wellensittiche eine kleine Strecke fliegen können und nicht nur von Stange zu Stange hüpfen oder klettern. Als erforderliches Mindestmaß für ein Pärchen sind Käfige mit den Maßen 100 cm (Breite) x 50 cm (Höhe) x 50 cm (Tiefe) anzusehen. Für jeden weiteren Wellensittich sollten 50 % Inhalt dazukommen.

Die Käfiggitterstangen müssen unbedingt waagerecht angebracht sein, sonst können die Vögel nicht klettern. Auch dürfen sie nicht Kunststoff ummantelt sein, da die Schnäbel der Wellensittiche natürlich ausprobieren, ob man nicht vielleicht doch ausbrechen kann. Messing hat sich hier als fast ideales Material erwiesen.

Der untere Teil des Käfigs ist von unten mit einem Kunststoffkasten versehen, in denen der Gitterkäfig mit Klammern befestigt ist. Das verhindert, dass übermäßig viele Spelzen und Fütterungsreste auf den Zimmer- und nicht auf den Käfigboden fallen. Bei den meisten Zimmervolieren ist diese Umrahmung nicht erhältlich oder nur sehr flach; hier ist mit einer etwas größeren Verschmutzung zu rechnen, was man bei der Auswahl des Untergrunds, auf dem die Voliere stehen soll, beachten sollte.

Am Boden des Käfigs muss eine Schublade sein, die die zweitägliche Reinigung und den Wechsel des Sands ermöglicht, ohne die Vögel groß zu stören. Es ist ganz wichtig, hier kein Zeitungspapier zu nehmen, wie früher üblich, sondern Vogelsand (der oft aus Geruchsgründen mit etwas Anis versetzt ist), denn die Wellensittiche nehmen regelmäßig kleine Steinchen auf, die für die Verdauung notwendig sind. Eine dünne Schicht Vogelsand reicht vollkommen aus.

AUSREICHEND GROSSER KÄFIG

In zu kleinen Käfigen, in denen die Wellensittiche nicht mindestens einige Flügelschläge machen können, kommt es häufiger zu Krankheiten und Verfettung als in großen Volieren.

≫ Wellensittiche vertragen durchaus einige Minusgrade, sollten aber nie längere Zeit bei solchen Temperaturen ausharren müssen. Es empfiehlt sich daher, den Vögeln bei Außenhaltung zumindest einen frostfreien Schutzraum zur Verfügung zu stellen, den die Tiere wahlweise aufsuchen können.

Käfigausstattung

Es ist sinnvoll, zwei Futtergefäße und auch zwei Wassergefäße anzubringen, die von außen abgenommen werden können. Wellensittiche können nämlich vor einem vollen Futternapf verhungern, wenn die oberste Schicht nur als leeren Spelzen besteht. Sie gehen nicht in die Tiefe und wühlen nicht im Futter. Deswegen müssen die Spelzen jeden Tag einmal kurz weggeblasen werden. Das Wasser kann verschmutzen, wenn die Wellensittiche versehentlich hineinkoten. Zwar können Wellensittiche deutlich länger ohne Wasser als ohne Futter auskommen, aber wir sollten ihnen immer etwas anbieten.

Die Stangen sollten aus Holz sein und so groß, dass die Wellensittiche die Stange fast umfassen können, die Krallen aber noch auf der Stange aufstehen. Das hilft bei der Abnutzung der Krallen. Wir können auch natürliche Zweige (etwa von Weiden und Obstbäumen) einbringen, solange die Vögel nicht beim Fliegen behindert werden. Die unterschiedliche Astgröße trainiert die Klammerreflexe der Vögel, außerdem macht ihnen das Knabbern am frischen Holz Spaß und ist auch gesund. Wenn sich die Krallen nicht stark genug abnutzen, können die Stangen auch mit genau passenden (ansonsten seitlich mit Kreppband festkleben), besandeten Papprröhren überzogen werden.

Unbedingt zur Käfigausstattung gehört auch ein Kalkstein. Auch eine Sepiaschale (das ist ein Schulp, das kalkige Skelett von Tintenfischen) erfüllt die wichtigen Dienste als Kalklieferant, aber auch zum Schnabelwetzen sind beide wichtig. Da die Vögel beim Schnabelwetzen recht robust vorgehen, muss die Kalkquelle gut befestigt werden.

Ein Badehäuschen kann auch stundenweise vor das Käfigtürchen gehängt werden. Allerdings ist die Badelust der Wellensittiche ganz unterschiedlich. Einige benutzen das Häuschen regelmäßig, andere gar nicht. Bei allen von außen am Käfig angebrachten Gegenständen wie Futternäpfen oder Badehäuschen gilt, dass sie unbedingt dicht abschließen müssen. Es ist unglaublich, durch welche schmalen Lücken sich vor allem junge Wellensittiche quetschen können. Wellensittiche sind ausgesprochen neugierige Vögel und untersuchen jede kleine Öffnung und alles, was im und am Käfig ist mit ihrem Schnabel.

≫ **Diese Futterboxen ermöglichen es von außen Futter nachzufüllen, ohne groß Aufruhr in den Käfig zu bringen.**

≫ **Diese Stangen sind in der Länge verstellbar und passen sich an jede Käfiggröße an; es ist kein Problem, nachträglich zusätzliche Sitzstangen in den Käfig zu integrieren.**

▶ BADEN

Wellensittiche baden lassen

Wenn der Wellensittich handzahm ist, kann man ihn auf dem Finger sitzend vor einen sanft laufenden Wasserstrahl halten. Fast alle Wellensittiche lieben es geradezu, sich darunter zu putzen und ausgiebig zu baden. Danach sollten sie zum Gefiedertrocknen, aber auch weil die ersten Kötel noch sehr weich sind, in den Käfig gesetzt werden.

≫ Ein Badehäuschen gehört in jeden Sittichkäfig.

Spiel und Spaß im Wellensittichkäfig

Wellensittiche sind aufmerksame Vögel, die beschäftigt werden wollen. Wellensittiche haben zwar einen Spielkameraden, aber es ist immer wieder interessant, etwas Neues zu erkunden. Der Fachhandel bietet eine reiche Auswahl an Zubehör aus Holz und bissfestem Kunststoff, angefangen von einer kleinen Leiter bis zu Schaukeln, Glöckchen, Ringen und Spiegeln. Allerdings werden männliche Wellensittiche einen Spiegel nahezu immer beschmieren. Das ist aber ein natürliches Verhalten: Das Männchen erkennt im Spiegel einen anderen Wellensittich. Bei der Balz füttert das Männchen das auserwählte Weibchen mit vorgekauten Körnern. Im Käfig wird der Spiegel dabei verschmiert; deswegen ist es besser, wenn der Spiegel komplett aus Edelstahl besteht, dann lässt er sich leichter reinigen. Gut geeignet sind auch Hanfseile oder Baumwollseile, die ausgiebig zum Klettern benutzt werden.

▶ INFOBOX

Der Schnabel ist das Prüfinstrument

Alle Spielzeuge im und am Käfig werden zuerst einmal mit dem Schnabel auf ihre Tauglichkeit geprüft. Alles, was Wellensittiche nicht fressen dürfen, muss also ausreichend stabil sein. Und die Schnäbel können eine erhebliche Kraft entwickeln. Wer selber Spielzeuge basteln will, muss also darauf achten. Gummi und Weichkunststoffe haben am Käfig nichts zu suchen.

≫ So lebhafte, aufgeweckte und intelligente Wesen, wie es die Wellensittiche sind, brauchen Beschäftigung, um aktiv und gesund zu bleiben.

Das macht Ihren Wellensittichen ganz sicher keinen Spaß

Im Zubehörhandel werden immer wieder Wellensittiche aus Plastik angeboten, die vor allem Einzelvögeln einen Partner ersetzen sollen. Aber genau das Gegenteil ist der Fall. Die Kunstwellensittiche sind wie Stehaufmännchen aufgehängt. Weibchen sehen darin einen Konkurrenten und werden umso wütender und heftiger auf den Plastikvogel einpicken, je weniger er sich bewegt – und wegfliegen kann er ja nicht. Männchen dagegen sehen darin den fehlenden Geschlechtspartner und werden versuchen, diesen Vogelersatz zu begatten (der Fachmann sagt „zu treten"), was ihnen durch das ständige Abkippen ebenfalls nicht einmal ansatzweise gelingen kann. Bei beiden Geschlechtern führen Plastikwellensittiche also zu unnatürlichen Handlungen, deswegen haben sie im Käfig nichts zu suchen!

Wellensittiche mögen es gar nicht, in die Hand genommen zu werden. Das muss man vor allem Kindern klar machen, die manchmal recht robust zugreifen. Zwar wehren sich Wellensittiche, aber genau das kann bei Kindern zum Gegenteil, also zu einem festeren Zugreifen führen, mit teils fatalen Folgen für den Vogel. Wichtig ist auch, dass Wellensittiche niemals an den Füssen festgehalten werden sollen, wenn sie etwa auf dem Finger sitzen sollen. Dadurch werden sie nur fingerscheu.

▶ VORSICHTIGE HANDHABUNG

Einen Wellensittich in die Hand nehmen
Zur Gesundheitskontrolle, zum Verabreichen von Medikamenten, aber auch beim – hoffentlich selten notwendigen – Einfangen, weil er nicht zurück in den Käfig kommt, muss ein Wellensittich ab und zu in die Hand genommen werden. Der Vogel wird dazu vorsichtig von hinten über das Gefieder gegriffen. Aus der von Zeigefinger und Daumen gebildeten Öffnung sollte der Kopf schauen. Auch wenn der Vogel kneift, jetzt nicht loslassen, erfahrene Halter greifen so dicht unter dem Schnabel, dass er nicht zubeißen kann. Die Krallen sollen auf dem kleinen Finger aufsitzen. Die Haltezeit sollte immer so kurz wie möglich sein.

▶▶ Solch eine Attrappe ist kein Ersatz für einen lebendigen Spielkameraden!

Käfigreinigung

Am besten wird der Käfig gereinigt, wenn die Wellensittiche Freiflug haben. Alle zwei Tage muss der Käfigboden gereinigt werden. Dazu wird die Schale aus dem Käfig genommen, entleert und gut ausgeputzt (Putzmittelreste – milds Seifenwasser – sorgfältig entfernen, trocknen und mit frischem Vogelsand bestreuen). Bevor die Schale wieder eingesetzt wird, muss der Boden im Käfig eben auch feucht ausgewischt werden, weil die Wellensittiche wahrscheinlich auch inzwischen gekotet haben. Denn die Arbeiten am Käfig locken oft selbst flugfreudige Vögel wieder in den Käfig zurück.

Die Stangen werden bei Bedarf, aber spätestens jede Woche einmal gereinigt. Gleiches gilt für alle Futter- und Wassergefäße (nachgefüllt werden muss täglich!). Eine richtige Großreinigung ist nur bei Bedarf nötig, meistens einmal im Monat. Dann werden alle Teile mit Seifenwasser abgewaschen und danach mit klarem Wasser nachgespült.

» **Der Vogelsand dient ebenfalls der Hygiene des Vogels und es ist deshalb sehr wichtig, dass der Boden des Käfigs damit in nicht zu dünner Schicht ausgestreut ist.**

Freiflug

Ohne Freiflug würde ein Wellensittich mit der Zeit dick und fett werden.
Darum ist es wichtig, dass er nachdem er sich an seine
Umgebung gewöhnt hat, den ersten Freiflug erhält.

Freiflug für Wellensittiche

Wellensittiche
dürfen nicht
ständig in ihrem
Käfig gehalten werden,
sonst verkümmert ihre Brustmuskulatur und es kann auch zur
Verfettung kommen. Etwa eine Stunde
täglich sollte der Vogel die Möglichkeit haben,
seine Umgebung zu erkunden. Dabei sollte
er beobachtet werden, damit man in Gefahrensituationen schnell eingreifen kann.
Vieles lässt sich nämlich dann noch verhindern,
wenn der Wellensittich etwa hinter einen
Schrank zu rutschen droht oder einem Kabel
gefährlich nahe kommt.

ERFOLGSTIPP

Die Wohnung wellensittichsicher machen
Offen liegende Kabel, Kerzen, Gifte (Alkohol,
Reinigungsmittel...) und andere gefährliche
Gegenstände gehören nicht in die Bereiche,
in denen Wellensittiche ihren Freiflug haben.

Vor dem Freiflug müssen alle Türen und Fenster nach
außen überprüft werden, sie müssen unbedingt dicht
verschlossen sein. Auch schon ein auf Kipp gestelltes
Fenster ist für einen Wellensittich ausreichend groß,
um zu entkommen, und die neugierigen Vögel untersuchen manchmal jede denkbare Ecke.

FLIEGEN HÄLT FIT

Viel Freiflug
Freiflug stärkt nicht nur die Brustmuskulatur,
sondern die Gesundheit des Wellensittichs.
Täglich sollte eine Stunde Freiflug gewährt
werden – natürlich nur unter Aufsicht.

Selbst Glasmurmeln
sind ein interessantes
Spielzeug – wenn sie
nicht heruntergewor-
fen werden können.

Die Vögel sollten direkt vor dem Freiflug nicht mit Leckerbissen gefüttert werden und auch nicht außerhalb des Käfigs Futter erhalten. Gegen Ende des Freiflugs wird dann das Innere des Käfigs mit einigen Leckerbissen bestückt. Handzahme Vögel lassen sich oft auch auf dem Finger wieder in den Käfig zurückbringen.

Wellensittiche sind ausgesprochen neugierig und untersuchen beim Freiflug alles Mögliche mit ihrem Schnabel. Offen liegende Papiere können regelrecht geschreddert werden, an Flüssigkeiten auch in Gläsern wird genippt. Alles außer klarem Wasser ist nichts für Wellensittiche, schon gar nicht alkoholische Getränke! Und natürlich marschieren die Vögel auch über freie Flächen und wenn dort etwa ein offenes Stempelkissen lag, dann können Sie schnell sehen, wo der Wellensittich gelaufen ist.

Gerne landen Wellensittiche auf dem Kopf und können dort heftig an den Haaren zupfen. Das sollte man ihnen durch vorsichtiges Wegschieben mit der Hand abgewöhnen, wenn es wehtut. Besonders bei Kindern ist darauf zu achten, dass sie dabei nicht eine Abneigung gegen den Wellensittich bekommen. Man muss ihnen erklären, dass es der Wellensittich nicht böse meint und wie sie den Vogel vorsichtig wegschieben können. Vielleicht ist das auch eine gute Gelegenheit, ihn auf den Finger zu locken.

▶ **INFOBOX**

Vorsicht: giftig!

Einige beliebte Zimmerpflanzen sind ausgesprochen giftig für Wellensittiche und andere Tiere und sollten daher in einem Raum, in dem Wellensittiche Freiflug erhalten, erst gar nicht aufgestellt werden. Zu den bekanntesten Giftpflanzen im Zimmer gehören Alpenveilchen, Amaryllis, Clivie, Dieffenbachie, Efeu, Farne, Gummibaum (Ficus), Hyazinthe, Korallenbäumchen, Passionsblume und Weihnachtsstern.

≫ **Der Käfig muss Platz zum Flügelschlagen, aber auch zum Fliegen bieten.**

Weggeflogen – was tun?

Einmal nicht hingeschaut, ein Fenster, das auf Kipp steht, übersehen, einmal die Haustüre geöffnet und vergessen, dass der Käfig nicht verschlossen ist, und schon ist der Wellensittich entflogen. Nun gilt es, kühlen Kopf zu bewahren. Denn Wellensittiche sind von Natur aus Strichvögel. Das bedeutet, dass sie keine Reviere haben und im Gelände umherstreifen, also mit hoher Wahrscheinlichkeit nicht von alleine zurückfinden. Trotzdem kann dies natürlich möglich sein. Deswegen wird zuerst einmal der Käfig, bestückt mit einigen besonderen Leckerbissen im Inneren, gut sichtbar dort aufgestellt, wo der Vogel entflogen ist. Natürlich muss er im Minutentakt kontrolliert werden, ob der Vogel bereits zurückgekehrt ist. Zu viel Hoffnung sollte man darauf aber nicht setzen.

Da im Haus gehaltene Wellensittiche, selbst mit regelmäßigem Freiflug, keine so starke Brustmuskulatur wie Wildvögel haben, können sie nur relativ kurze Wegstrecken zurücklegen, allerdings werden es leicht einige hundert Meter. In diesem Radius kann die Suche beginnen. Dabei muss vor allem auf das Geräusch geachtet werden, denn das Tschilpen eines Wellensittichs kann natürlich gut von den anderen Vogelstimmen unterschieden werden. Sitzt der Vogel auf einem Baum, ist kaum etwas zu machen. Natürlich kann man versuchen, mittels Leiter heranzukommen, aber wahrscheinlich wird er wegfliegen, kurz bevor wir ihn erreicht haben. Wichtig ist aber unbedingt, dass die Hauptbezugsperson diese Versuche unternimmt, ansonsten ist es sowieso aussichtslos. Besser ist es, den Wellensittich so lange vom Baum zu scheuchen, bis er sich irgendwo erschöpft am Boden oder im Gras niederlässt. Dann werfen wir erst einmal eine Jacke, ein leichtes Laken oder noch besser ein Netz über den Vogel, damit er nicht mehr wegfliegen kann. Als Netze kommen besonders gut Laubschutznetze für den Gartenteich infrage, aber es gehen auch normale Vogelschutznetze aus dem Garten. Ist er unter der Jacke, dem Laken oder Netz gefangen, wird er vorsichtig eingefangen. Ist der Käfig nicht zur Hand, kann der Vogel auch vorsichtig mit der Hand gefangen werden, wie oben beschrieben. Und wenn der Vogel jetzt auch beißt und wieder in seine scheinbare Freiheit (leider überleben Wellensittiche bei uns im Freien nicht sonderlich lange, sondern werden schnell Opfer von Katzen und Raubvögeln) will, jetzt heißt es Schmerzen aushalten, bis er wieder sicher im Käfig ist. Dabei darf man natürlich trotzdem nicht zu fest zupakken.

» Jährlich entkommen sehr viele Wellensittiche ihren Käfigen. Es ist schnell passiert, man war unachtsam und hat das Fenster offen gelassen, oder der Vogel hat sich selbst befreit.

Spielplätze für Wellensittiche?

Im Käfig ist relativ wenig Platz für größeres Spielzeug, denn hier soll ja so viel Platz bleiben, dass die Wellensittiche noch fliegen können. Deswegen ist es sinnvoll, einen größeren Spielplatz, wie er vielfältig im Fachhandel angeboten wird, aber auch selbst hergestellt werden kann, außerhalb des Käfigs aufzustellen. Mit einigen Leckerbissen beködert, findet der Wellensittich schnell Gefallen am Spielplatz, an dem natürlich Spiegel und Leitern, Schaukeln, Stangen und vieles mehr angebracht werden können. Schön ist auch hier das Anbringen von Ästen, die abgeknabbert werden können. Hier können ganze Kletterlandschaften daraus gestaltet werden. Schon bald wird diese Spielecke zum Lieblingsaufenthalt der Wellensittiche werden, mit dem großen Vorteil, dass die anderen, für diese neugierigen Vögel gefährlicheren Ecken in Ruhe gelassen werden. Auch unter die Spielecke gehört eine Sandfläche, die aber einfacher zu reinigen ist als der Käfigboden. Und natürlich muss ausreichend Körnerfutter und frisches Wasser vorhanden sein, wenn der Käfig nicht in direkter Nähe steht und leicht erreichbar ist.

≫ Der interessanteste Spielplatz ist oftmals der Raum, in dem der Freiflug stattfindet. Der Wellensittich erkundet das ganze Zimmer – die Neugierde dieser kleinen Kerle kennt keine Grenzen.

Futterspiele

Als neugierige, aber auch intelligente Vögel lassen sich Wellensittiche zu einigen kleinen Kunststücken überreden. Ob es darum geht, auf Kommando auf eine Schulter oder einen bestimmten Sitzplatz zu kommen oder etwas anderes zu machen, wir erreichen nur etwas mit Futterdressur. Dazu müssen wir erst einmal herausfinden, was der Wellensittich besonders gerne frisst. Mit dem Lieblingsfutter können wir ihn dann darauf trainieren, das zu tun, was wir möchten. Dazu führen wir das Futter mit dem Finger immer so dicht vor dem Schnabel, dass er fast herankommt. Sobald das Gewünschte erreicht ist, etwas das Überschreiten einer Leiter oder das Klettern auf ein bestimmtes Spielzeug, muss der Vogel natürlich den Leckerbissen bekommen. Läuft eine Übung so ab, wie wir das möchten, und können wir ihn von einem bestimmten Punkt aus problemlos dirigieren, können wir uns mit dem nächsten Kunststück beschäftigen. Zwischendurch müssen aber alle anderen, bereits gelernten Kunststücke immer wieder geübt werden.

Es ist keineswegs Tierquälerei, wenn wir uns derart mit unseren Wellensittichen beschäftigen. Die neugierigen Vögel freuen sich über jede Beschäftigung und wenn dies das Erlernen eines Kunststückchens ist, macht es keinen Unterschied.

Wenn ein Wellensittich erst einmal eine Unart gelernt hat, ist es recht schwierig, ihn wieder davon abzubringen. Landet er z.B. immer wieder an einer Stelle, etwa auf einem Tisch, auf dem er nicht landen darf, dann ist es am besten, wenn wir die Landung dort durch Aufstellen neuer Gegenstände verhindern. Wellensittiche können nämlich ausgesprochen hartnäckig sein, wenn sie sich etwas in den Kopf gesetzt haben.

Die große Schule der Wellensitticherziehung ist es, den Wellensittich „schulterrein" zu bekommen, d.h. zu erreichen, dass er nicht mehr sein Geschäft verrichtet, solange er auf uns herumklettert.

» **Wellensittiche sind bestechlich!**

Das kann nur in Schritten geschehen und wird wahrscheinlich nur bei sehr gelehrigen Wellensittichen gelingen. Dazu wird dem Vogel zu Beginn jedes Mal, wenn er gekotet hat, ein Leckerbissen gereicht. Natürlich kann das nicht besonders gezielt sein, wir müssen dann eben immer einen Leckerbissen dabei haben und ihn reichen, wenn er dort kotet, wo wir es möchten. Keinesfalls darf ein solches Leckerchen gereicht werden, während er auf der Schulter sitzt. Gelehrige Vögel werden den Zusammenhang begreifen und schnell lernen, dass sie für das Koten an bestimmten Plätzen belohnt werden. Besonders schlaue Vögel kann man letztendlich dazu erziehen, nur noch an ganz bestimmten Stellen zu koten, etwa über einer Fläche, die mit Vogelsand bestreut ist.

Sprecherziehung

Früher war es üblich, dass man die einzeln gehaltenen Wellensittiche zu Sprechern zu erziehen versuchte. Als Spottvogel sind Wellensittiche dazu in der Lage, Geräusche, die sie hören, nachzuahmen. Deswegen hielt man früher Wellensittiche meist als Einzelvögel, dies ist heute aus Tierschutzgründen verpönt. Dabei ist jedoch das individuelle Sprechvermögen der Wellensittiche, wie wir aus den früheren Erfahrungen wissen, ausgesprochen unterschiedlich. Einige lernen es nie, andere sprechen nur krächzend und eigentlich nur für den Eingeweihten verständlich. Andere aber können nicht nur recht vernehmlich sprechen, sondern auch kleine Melodien nachpfeifen. Meister unter den Nachahmern sind aber auch früher schon selten gewesen. Dann waren es aber fast ausschließlich Männchen.

Es ist aber dennoch mit viel Mühe möglich, auch bei Pärchenhaltung ein Sprechtraining durchzuführen und eventuell zum Erfolg zu kommen. Die Chancen sind gering, aber der Versuch muss erst unternommen werden. Wichtig ist, dass der Vogel, der sprechen lernen soll, zahm genug ist, sich mit dem „Trainer" zu beschäftigen, auch wenn sein Partner nicht da ist. Zum Training wird der Vogel entweder zu einem Spielplatz gebracht und dort trainiert oder der Partner wird in einem anderen Raum platziert, wo er in der Zwischenzeit spielen kann oder beschäftigt wird.

Das Training ist mühsam und eigentlich langweilig. Denn immer wieder dieselbe Melodie oder dasselbe Wort wird vorgesprochen, solange, bis der Wellensittich die Melodie nachpfeift oder das Wort nachspricht. Natürlich muss jeder Erfolg mit einem kleinen Leckerbissen belohnt werden, und wenn es denn nicht klappt, dann darf dies dem Vogel auch nicht übelgenommen werden. Die Melodien sollten kurz, die Worte einfach sein. Bitte denken Sie aber daran, nicht etwa „Sag Hansi" zu sagen, sondern nur „Hansi", sonst sagt der Vogel natürlich auch „Sag Hansi".

Pflege

≫ Neben Frischfutter wie Tomaten sollte immer eine Sepiaschale für den Kalkbedarf gereicht werden.

Federn

Die Federn brauchen von uns nicht gepflegt zu werden, das macht der Vogel selbst. Unter dem Schwanz liegt beim Wellensittich die Bürzeldrüse, mit der ein pudriges Substrat erzeugt wird. Der Vogel nimmt dies mit den Schnabelseiten auf und reibt es sich in die Federn. Dadurch bleiben die Federn nicht nur geschmeidig, sondern auch wasserabweisend. Natürlich wird ein Wellensittich, der gerade gebadet hat, besonders viel Arbeit mit dem neuen Einarbeiten des Bürzelsekrets haben und eine Weile beschäftigt sein.

Federn stoßen beim Flug und Klettern ab und behindern beim Fliegen. Deswegen werden sie in regelmäßigen Abständen gemausert. In der Natur findet die **Mauser** meist einmal jährlich statt, bei unseren seit langem in Menschenobhut gehaltenen Pfleglingen ist es allerdings üblich, dass sie das ganze Jahr über mehr oder weniger stark mausern. Allerdings gibt es Zeiten mit stärkerer und schwächerer Mauser, meist ist dies temperaturabhängig. Die stärkste Mauser zeigen viele Wellensittiche im Herbst.

Federn, die abgeknickt sind, können auch vom Pfleger gezogen werden, eventuell auftretende leichte Blutungen stoppen meist schnell von alleine. Wenn nicht, kann Eisen(III)chlorid-Watte verwendet werden, die immer als Notfallhilfe im Haushalt vorhanden sein sollte. Die Watte wird etwa mit einem Wattestäbchen auf die blutende Stelle aufgebracht, die Blutung stoppt dann schnell. Noch besser ist allerdings blutstillende Watte, z. B. Claudenwatte, die es in jeder Apotheke gibt. Sie muss jedoch im Kühlschrank aufbewahrt werden.

Eine stärkere Mauser ist für den Wellensittich eine anstrengende Angelegenheit. In dieser Zeit ist er ruhiger als sonst, braucht aber gleichzeitig viel vitaminhaltiges und mineralstoffreiches Futter. Meist ist dann auch die Flugfähigkeit eingeschränkt, oft bei der ersten Mauser in der Jugend, dann sollte der Vogel einige Tage keinen Freiflug erhalten. Gurke soll sich aufgrund einiger enthaltener Mineralstoffe besonders gut als Zusatznahrung während der Mauser eignen.

In seltenen Fällen kommt es vor, dass sich Wellensittiche die Federn selbst ausreißen. Kann Milbenbefall (siehe Krankheiten) ausgeschlossen werden, dann handelt es sich um so genannte **Federrupfer**. Diese Erscheinung ist eigentlich immer die Folge von zu viel Langeweile. Die Vögel haben nichts zu tun und versuchen dann irgendwann, was passiert, wenn sie sich die Federn ausrupfen. Auch wenn eine Person, auf die ein einzeln gehaltener Wellensittich stark geprägt ist, auf einmal weniger oder keine Zeit mehr hat, kann es zum Federrupfen kommen. Da die Kiele bluthaltig sind und wahrscheinlich gut schmecken, können sie regelrecht auf den Geschmack kommen. Federrupfer sollten unbedingt einen Partner erhalten und zusätzlich viel mineralstoffhaltiges Futter. Wenn es – aus welchen Gründen auch immer – nicht möglich ist, einen Partner dazu zu gesellen, dann muss unbedingt viel Beschäftigung her, also Spielcenter, viel Freiflug (was bei starken Rupfern eher Freiklettern ist) und auch die Beschäftigung etwa mit frischen Zweigen.

Bekannt ist auch die **Schreckmauser**. Wenn sich der Wellensittich stark erschreckt – und das kann schon eine durch Windzug zuknallende Tür sein –, dann können ihm auf einmal etliche Schwanz- und Schwungfedern ausfallen. Dabei geht die Flugfähigkeit jedoch nicht verloren. Die abgeworfenen Federn werden in aller Regel noch vor der nächsten „normalen" Mauser wieder ersetzt. Die Schreckmauser ist also kein Grund zur Besorgnis, aber die Ursache sollte vermieden werden.

» **Der Schnabel ist das wichtigste Werkzeug Ihrer Wellensittiche. Er dient den kleinen Sittichen nicht nur zur Nahrungsaufnahme.**

Schnabel

Gesunde Wellensittiche wetzen ihren Schnabel an einem Kalkstein oder einer Sepiaschale selbst regelmäßig ab. Nur wenn dies nicht möglich ist, sei es durch Fehlen einer Wetzmöglichkeit oder durch krankheitsbedingte Schwächung, ist das Schneiden des Schnabels notwendig. Da dies eine relativ heikle Angelegenheit ist, sollten unerfahrene Wellensittichpfleger dazu unbedingt einen Tierarzt aufsuchen, der das Problem schnell lösen und Hinweise für die weitere Pflege geben kann. Erfahrene Pfleger können auch selbst den Schnabel beschneiden. Dazu wird eine kräftige Nagelzange benötigt. Der Wellensittich wird, wie bereits beschrieben, in die Hand genommen. Der erste Schnitt wird von oben schräg nach vorne geführt, der zweite von vorne nach oben, sodass ein normaler Wellensittichschnabel entsteht. Achten Sie unbedingt darauf, die Schnabelhaut nicht zu verletzen. Auch wird der Vogel eventuell mit seiner Zunge versuchen, die Zange wegzudrücken. Hilfreich ist es also, wenn ein Helfer anwesend ist, der dies kontrollieren kann. Auch darf nicht zu tief in den Schnabel eingeschnitten werden. Dieser besteht keineswegs nur aus Horn, sondern ist zu weiten Teilen durchblutet. Bei jedem Schnabelschneiden sollte deswegen blutstillende Watte parat liegen.

Krallen

Wenn die Sitzstangen zu klein, nicht ausreichend rau sind und die Wellensittiche vielleicht zu wenig Bewegung haben, kann es zu einem überlangen Wachstum der Krallen kommen, mit denen sich der Wellensittich dann nicht mehr richtig beim Spazieren auf dem Boden und beim Klettern bewegen kann. Dann ist es notwendig, die Krallen zu schneiden. Auch hier sollten unerfahrene Pfleger lieber den Tierarzt aufsuchen und die Krallen schneiden lassen. Das ist übrigens ein Service, den viele Zoofachhändler anbieten. Wer die Krallen selbst schneiden will, nimmt den Vogel in die Hand und hält jede Kralle einzeln ins Licht. Sehr gut sieht man nun den verhornten Vorderteil und die durchbluteten Bereiche. Näher als zwei Millimeter sollte man nicht daran heranschneiden. Achten Sie auch unbedingt auf die Scherenspitze, mit der Sie vielleicht schon in die nächste Kralle an ungeeigneter Stelle einschneiden. Wenn es doch einmal zu einer Blutung kommt, muss diese sofort gestoppt werden, da Wellensittiche nicht über viel Blut (etwa 3 ml) verfügen. Dazu wird die blutstillende Watte (s.o.) verwendet. Nur bei den Krallen kann man allerdings auch Alleskleber verwendet. Dazu wird die verletzte Kralle einfach in etwas Alleskleber getaucht, die Blutung hört schnell auf. Der Alleskleber fällt dann bald selbst von alleine wieder ab.

Der nächste Schritt muss dann sein, herauszufinden, warum die Krallen so lang gewachsen sind. Hölzerne Stangen können auch mit speziellen Sandrollen überzogen werden. Eventuell müssen sie gegen größere ausgewechselt werden. Je mehr die Wellensittiche beim Spielen klettern und laufen, desto besser werden die Krallen abgenutzt.

Urlaub

Vogelsitter gesucht

Was macht man mit dem Vogel im Urlaub? Vor diese Frage sehen sich viele Vogelhalter früher oder später gestellt. Die wahrscheinlich schlechteste Lösung ist es, die Wellensittiche mitzunehmen. Denn das bedeutet für die Vögel puren Stress und sollte unterbleiben. Auch ist der Ferienort wahrscheinlich nicht wellensittichsicher und die Vögel können trotz Mitnahme keinen Freiflug bekommen. Deswegen sollten Wellensittiche während des Urlaubs zu Hause oder bei einer Pflegeperson bleiben. Allerdings muss der Pfleger besonders gut eingewiesen werden. Die wichtigste Warnung ist, alle Fenster und Türen geschlossen zu halten, wenn der Käfig geöffnet wird, und sei es nur, um einen Leckerbissen im Käfig anzubringen. Die Pfleger sollten auch wissen, was sie tun müssen, um einmal aus dem Käfig entwischte, aber im geschlossenen Zimmer verbliebene Vögel wieder zurückzubekommen: Ruhe bewahren, den Käfig mit Leckerchen bestükken und abwarten.

Gerade in einer relativ fremden Umgebung werden die Wellensittiche schnell wieder das Vertraute aufsuchen, in diesem Fall den Käfig. Das ist besonders dann der Fall, wenn der Wellensittichkäfig in einen anderen Haushalt verbracht wird, also niemand in die gewohnte Umgebung zum Füttern und Reinigen kommt, sondern die Vögel zu einem Pfleger gebracht werden. Sie dürfen nicht vergessen: Die Vögel kommen in eine völlig unbekannte Umgebung, die normalen Bezugspersonen sind nicht da. Für die Wellensittiche bricht in diesem Moment erst einmal die Welt zusammen: Sie wissen ja nicht, dass die Bezugsperson in zwei bis drei Wochen wiederkommt und fühlen sich alleine gelassen, fremd in einer unbekannten Umgebung. Deswegen ist es besser, wenn die Vögel in dieser Zeit keinen Freiflug bekommen, als wenn sie sich mühsam an eine neue Umgebung gewöhnen, die sowieso in einigen Wochen wieder wechselt. Umso größer wird die Freude der Wellensittiche sein, wenn sie nach Urlaubsende wieder in der gewohnten Umgebung mit ihren Bezugspersonen Kontakt haben.

Aber auch, wenn eine Person regelmäßig in die gewohnte Umgebung kommt, sind einige Änderungen gegenüber der normalen Haltung sinnvoll. Nur wenn die Pflegeperson bereits Erfahrung mit diesen Wellensittichen hat und ihnen möglichst auch bekannt ist, sollte während der Urlaubszeit der Freiflug beibehalten werden. Denn eine fremde Person kann die Vögel verwirren und kann bewirken, dass sie selbst in gewohnter Umgebung nicht von alleine in den Käfig zurückkehren. Die Pflegeperson sollte wissen, dass es in solchen Fällen besser ist, die Wellensittiche außerhalb des Käfigs vielleicht sogar übernachten zu lassen. Der Hunger wird sie schon wieder zurücktreiben. Ungezielte Fangaktionen können dagegen viel verderben und den Wellensittich für immer scheu machen.

Wenn Wellensittiche reisen müssen

Ob auf dem Weg in ein neues Quartier, bei Umzug, auf dem Weg zu einer Pflegestelle oder vielleicht doch im Urlaub, manchmal müssen Wellensittiche auf die Reise gehen. Für kurze Strecken kann dabei eine Transportbox, in der wir den Wellensittich aus der Zoohandlung bekommen haben, ausreichende Dienste leisten. Bei längeren Strecken allerdings sollten die Wellensittiche in ihrem gewohnten Käfig reisen. Alles Spielzeug, was den Vogel eventuell bei einer scharfen Bremsung in Bedrängnis bringen oder verletzen könnte, wird dazu entfernt. Dazu gehören etwa Schaukeln und Leitern. Nur die Stangen bleiben an ihrem Platz. Am besten ist es, den Käfig während der Fahrt mit einem Tuch zu bedecken. Dieses sollte so viel Licht durchlassen, dass sich die Vögel noch orientieren können, aber gleichzeitig für eine dämmrige Umgebung und damit für Ruhe im Käfig sorgen. Sitzen die gewohnten Bezugspersonen in der näheren Umgebung des Käfigs, etwa im Auto, sorgt ein regelmäßiges ruhiges Reden mit dem Wellensittich dafür, dass er sich nicht aufregt und so gut an sein Fahrziel kommt. Ganz besonders wichtig ist die Kühlung. An heißen Sommertagen sollte erst gar kein Transport vorgenommen werden. Und keinesfalls darf ein Wellensittich auch nur wenige Minuten im abgestellten Auto gelassen werden. In wenigen Minuten können 50 °C und mehr erreicht werden, das Todesurteil für unsere Hausgenossen.

Verhalten

Schnabelsprache

Der Schnabel ist das wichtigste Organ des Wellensittichs. Damit werden nicht nur unbekannte Gegenstände erkundet, sondern durch Beißen wird auch Missbilligung ausgedrückt. Und natürlich ist der Schnabel das Körperteil, mit dem die Nahrung aufgenommen und oft auch schon zerkleinert wird.

Wenn dem Wellensittich etwas nicht gefällt, versucht er erst einmal, sich durch Bisse aus dieser Situation zu befreien. Das muss nicht nur die Hand sein, auch wenn er beim Freiflug in eine Situation gerät, die ihn zum Beispiel einengt, etwa wenn er hinter einen Schrank fällt, versucht er, sich mithilfe seines Schnabels zu befreien. Andererseits wird der Schnabel auch dazu benutzt, Zärtlichkeiten zu verteilen. Wenn wir zwei Wellensittiche halten, werden wir sehen, wie sie sich gegenseitig mit zärtlichen Bissen in den Nacken kraulen und gegenseitig das Gefieder pflegen. Auch gegenüber ihren bevorzugten Bezugspersonen können sie dieses Verhalten zeigen. Mit ganz leichten Schnabelbissen werden diese Gefühle ausgedrückt. Das Schlimmste, was wir nun tun könnten, wäre den beknabberten Körperteil (z. B. ein Ohrläppchen) oder Finger wegzuziehen und zu versuchen, dieses Verhalten zu unterbinden. Denn das kann der Wellensittich nicht verstehen! Er zeigt uns seine Zuneigung durch leichtes Knabbern, besonders auch an den Haaren, und wir weisen ihn zurück. So bekommen wir sicher keine zahmen Vögel. Natürlich kann es dabei einmal zum Ziehen an den Haaren kommen, und besonders Kinder müssen darauf hingewiesen werden, dass der Wellensittich damit seine Zuneigung ausdrückt und nicht etwa dafür bestraft werden darf.

> ▶ **WELLENSITTICHVERHALTEN**
>
> **Genau beobachten**
> Beobachten Sie Ihre Wellensittiche genau und lernen Sie ihr normales Verhalten kennen, dann können Sie bei Verhaltensänderungen schnell die Ursache finden und gegebenenfalls rechtzeitig einen Tierarzt aufsuchen.

Unangenehm kann diese Schnabelsprache werden, wenn wir im „Zärtlichkeitsbereich", also im Gesicht, Gegenstände tragen, die den Wellensittich animieren, sie näher zu untersuchen. Harmlos sind da noch die Brillen. Gerne steigen sie auf einen Brillenbügel auf, mit den kleinen Füßchen kann man sich so gut festhalten. Das ist noch harmlos und gut zu ertragen. Man gewöhnt sich schnell daran, seinen Wellensittich auf der Brille mit sich herumzutragen. Ähnlich unproblematisch sind Ketten, die natürlich durchgeknabbert werden, aber meist nicht leiden. Eine Ausnahme bilden Ketten, die etwa aus auf einem Faden aufgefädelten Perlen bestehen, denn leicht kann dieser Faden durchgebissen werden. Solche Kontakte sind zu vermeiden. Eine besondere Herausforderung für Wellensittiche sind Ohrringe. Während sie beim Beknabbern des Ohrs meist merken, dass dort weniger Widerstand ist (oder durch unsere Schmerzensschreie angeregt wegfliegen), bieten Ohrringe einen richtig schönen Ansatzpunkt. Die kriegt man richtig schön in den Schnabel und kann kräftig daran ziehen. Fazit: Wer mit Wellensittichen spielen will, sollte möglichst keine Ketten und schon gar keine Ohrringe tragen. Auch Brillen sollten fest sitzen. Wer das nicht berücksichtigt, dem kann man nur ein „Selber schuld!" entgegen rufen.

≫ BEIßEN ABGEWÖHNEN

Beißen abgewöhnen

Einige Wellensittiche beißen herzhaft in den Finger, wenn er ihnen vorgehalten wird. Besonders Weibchen können sich da hervortun. In solchen Fällen hilft nur Geduld und List. Halten Sie ihm mit den Fingern erst einmal nur Leckerbissen vor, bis das Beißen aufhört. Es dauert einige Zeit, bis der Wellensittich versteht, dass er mit Beißen nicht weiterkommt. Und halten Sie den Schmerz etwas aus, umso eher gewöhnen Sie es dem Vogel ab. Bei einzeln gehaltenen Wellensittichen ist es oft Langeweile, da hilft das Zugesellen eines Partners.

≫ **Bisse vermeiden bedeutet zunächst, dass ihr äußerst sensibel mit eurem gefiederten Freund umgeht. Bewegt euch langsam und beobachtet seine Körpersprache. Es ist unnötig, wenn nicht sogar Tierquälerei, den Vogel anfassen zu wollen, wenn er es nicht mag.**

Lautsprache

Wellensittiche haben verschiedene Tonlagen und können sich verschieden ausdrücken. Ein leises Zwitschern ist meistens in Zeiten der Ruhe zu finden, etwa kurz vor dem Einschlafen. Auch beim Spiel lassen sie vorwiegend leisere Geräusche hören, die aber immer wieder von einem etwas lauteren Tschilpen unterbrochen werden. Aber das kann sich auch ändern. Die Vögel werden gelegentlich beim Spiel, etwa mit einem Spiegel, aber auch am Glöckchen oder anderswo, auch einmal etwas lauter. Dann lassen sie ein lauteres Schimpfen hören, das aber nie so unangenehm ist, dass es abschreckend wird. Diese Zeiten des Schimpfens dauern auch nicht besonders lange, nach wenigen Minuten sollte es vorbei sein.

Ein regelrechtes Schreien deutet darauf hin, dass dem Wellensittich etwas ganz und gar nicht gefällt. Leider kommt es dazu gelegentlich, wenn zwei ältere Weibchen miteinander gehalten werden. Dieses Kreischen kann so lange anhalten, dass es zu einer wirklichen Geräuschbelastung (auch der Nachbarn!) werden kann, denn es ist bei offenem Fenster weit zu hören. Solche „Paare" sollten unbedingt getrennt und mit neuen Partnern versehen werden. Beim Kauf sollte man auch schon darauf achten, keine zwei Weibchen zu erwerben, obwohl sich Weibchen, die bereits als Jungvögel zusammengelebt haben, mitunter auch verstehen.

Wellensittiche schreien ebenfalls, wenn sie in einer für sie als gefährlich erscheinenden Situation sind, also etwa in der Hand. Lautes Geschrei sollte also immer ein Hinweis für uns sein, nach den Vögeln zu schauen, ob einer wirklich in Gefahr ist.

Leider bleibt dieses Geschrei in vielen Gefahrensituationen aus. Wenn ein Wellensittich etwa über eine Gardinenstange hinter einen Vorhang geflogen oder hinter einen Schrank gefallen ist, ist er häufig geschockt. Dann gibt er keinen Ton von sich. Wenn wir also mal während des Freiflugs aus dem Zimmer kommen und den Vogel bei unserer Rückkehr vermissen, obwohl alle Fenster geschlossen sind, dann kann so etwas passiert sein. Verhalten Sie sich dann ganz ruhig. Wahrscheinlich werden Sie dann nach kurzer Zeit ein leises Piepen vernehmen. So finden Sie den Unglücksvogel und können ihm zu Hilfe kommen.

>> Ein Wellensittich lernt aus Verzweiflung die menschliche Sprache, wenn er allein gehalten wird, da er aus Einsamkeit versucht, mit dem Menschen zu kommunizieren.

Körpersprache

Auch mit dem Körper drückt ein Wellensittich Stimmungen aus. So bedeutet ein schräg gelegtes Köpfchen, dass der Vogel sich über eine Situation nicht im Klaren ist, es kennzeichnet sowohl Neugier wie auch gespanntes Abwarten.

Werden die Federn etwas aufgeplustert, dann ist das die Vorbereitung zum Schlafen. Meist wird dabei leise geschwatzt. Kurz darauf sollte der Vogel tatsächlich einschlafen, mit dem Kopf unter dem Flügel (wobei junge Vögel dies erst noch nicht können). Dauert dieser Zustand länger an und ist der Wellensittich dabei sehr ruhig, darf auch eine Krankheit nicht ausgeschlossen werden, wir müssen ihn dann genau beobachten.

Das Putzen des Gefieders zeigt an, dass der Vogel sich sicher fühlt und keine Gefahr befürchtet. Hält man mindestens zwei Wellensittiche, sieht man auch die soziale Gefiederpflege, der eine Vogel putzt meist das Nackengefieder des anderen und umgekehrt. Für die Vögel ist dieses Verhalten sehr wichtig, es stärkt den Partnerzusammenhalt.

≫ **Lernen Sie die Körpersprache der Wellensittiche kennen! Und vergessen Sie den Rummel um die Sprachbegabung der Vögel, denn was in Wahrheit hinter dem Sprechen steckt, ist fast immer pure Einsamkeit und Verzweiflung.**

Gelegentlich macht sich vor allem ein jüngerer Wellensittich besonders lang und gibt tschilpende Laute von sich. Wahrscheinlich möchte er damit einfach auf sich aufmerksam machen.

Anders ist es, wenn er mit dem Körper heftig auf und ab wippt, ohne die Krallen zu lösen. Dabei handelt es sich um ein Balzelement, es wird nur von Männchen gezeigt, sowohl vor den Weibchen, vor einem Spielzeug (vor allem dem Spiegel), aber auch vor der Bezugsperson. Meist folgt darauf die Futterübergabe. Wellensittiche, die sich in ihrer Umgebung wohl fühlen, zeigen gelegentlich ein merkwürdiges Verhalten. Kommen fremde Personen in ihre Nähe, fliegen sie diesen dicht über den Kopf. Das ist eine Art Revierverhalten und soll zeigen: „Hier bin ich der Boss!" Dieses Verhalten ist harmlos, mehr als einen kleinen Schreck wird man nicht davontragen.

≫ **Der Bauch ist einfarbig, während Rücken und Kopf regelmäßige Muster zeigen.**

Problemvögel

Geht man Berichten über besonders bissige, nicht an den Finger zu gewöhnende oder anderweitig auffallende Wellensittiche nach, stellt sich fast immer heraus, dass es sich um Vögel in Einzelhaltung handelt. Gibt man einen zweiten Vogel hinzu, ändert sich das Verhalten meist sehr schnell ins Positive. Besonders günstig ist es natürlich, wenn der zweite Vogel bereits zahm ist; in Tierheimen oder über Zeitungsanzeigen,

manchmal auch im Fachhandel findet man immer wieder Wellensittiche, die abgegeben worden sind und bereits zahm und verträglich sind.

Hilft auch das nicht, kann man nur mit viel Geduld und Leckerbissen versuchen, den Wellensittich zu zähmen. Zwang, gleich welcher Art, bringt gar nichts, eher erreicht man das Gegenteil, eine Verschlimmerung des Verhaltens.

Wer sich mit ⮞ Hingabe seinem Wellensittich widmet und den richtigen Umgang mit dem Tier versteht, wird sicher über kurz oder lang mit dem Vogel glücklich werden.

Ganz überwiegend ist die gemeinsame Haltung von Wellensittichen mit Nymphensittichen, *Nymphicus hollandicus*, problemlos verlaufen. Auch in ihrer australischen Heimat werden diese beiden Vogelarten gemeinsam in den gleichen Bäumen brütend vorgefunden. Die Wellensittiche sind dabei die quirligeren Volierenbewohner, allerdings können die Nymphensittiche fester zubeißen. Als Mindestmaß für eine Voliere mit je zwei bis drei Nymphen- und Wellensittichen sollten 180 cm (Höhe) x 100 cm (Breite) x 60 cm (Tiefe) gelten. Für die Einrichtung gilt das Gleiche wie für die Wellensittichkäfige, in Teilen nur eine Nummer größer.

In einer natürlich dekorierten Voliere ≫ gehört Naturfutter selbstverständlich dazu.

Vergesellschaftung

Die Vergesellschaftung mit anderen Vögeln ist bei Wellensittichen nicht ganz einfach. Voraussetzung ist natürlich eine ausreichend große Voliere, in der alle Vögel gemeinsam Platz haben. Auch bei gemeinsamem Freiflug und getrennten Volieren sollten diese Vergesellschaftungshinweise berücksichtigt werden. Grundsätzlich hält man alle Vögel vor dem Zusammensetzen im gleichen Zimmer in getrennten Käfigen, damit sie sich etwas aneinander gewöhnen können. Die Käfige werden dann immer näher zusammengestellt, aus dem getrennten Freiflug kann dann ein gemeinsamer werden, der natürlich überwacht werden muss. Dann kann ein neuer, größerer Käfig von beiden besiedelt werden. Wenn ein neuer Vogel ohne Wechsel aller Vögel in einen neuen Käfig in eine bestehende Vogelgemeinschaft eingebracht werden soll, muss der Bestand in den ersten Tagen besonders gut und ausgiebig beobachtet werden, um bei Problemen sofort eingreifen zu können.

Mit anderen Sittichen als dem Nymphensittich sollten Wellensittiche nicht vergesellschaftet werden, weil das Risiko, dass es zu Streitereien bis hin zu Beißereien mit ernsthaften Verletzungen kommt, einfach zu groß ist. Mit einigen Finkenarten, vor allem Zebrafinken, aber auch Kanarienvögeln, ist eine Vergesellschaftung möglich, aber nur in ausreichend großen Volieren. Denn die Finken müssen sich dem teilweise groben Spiel der Wellensittiche entziehen können. Männliche Kanarienvögel können zur Brutzeit auch recht aggressiv ihr Nest verteidigen. In jedem Fall sollten separate Käfige oder Volieren bereitstehen, wenn festgestellt wird, dass es mit der Vergesellschaftung doch nicht klappt.

Ein Streitpunkt sind mit Sicherheit die Nester. Sowohl Zebrafinken als auch Kanarienvögel sind Offenbrüter und haben ein für den Wellensittich leicht zugängliches Nest. Letztere untersuchen es dann schon einmal heftiger und stören so den Brutvorgang der Finkenvögel. Mit größeren Vögeln wie Tauben oder bodenbewohnenden Arten wie Wachteln oder Zwergwachteln vertragen sich die Wellensittiche recht gut.

Ernährung und Ernährungsgrundsätze

In der Natur ernähren sich Wellensittiche überwiegend von Gras- und Unkrautsamen, aber zusätzlich nehmen Sie auch viele Frischpflanzen zu sich. In Menschenobhut ist es besonders wichtig, auf eine ausgewogene Fütterung zu achten, damit es nicht zu Mangelerscheinungen kommt.

▶ ERFOLGSTIPP

Ausreichend viel füttern
Wellensittiche können vor einem vollen Futternapf verhungern, wenn die oberste Schicht nur aus Spelzen besteht. Besser ist es, täglich zu erneuern.

Wellensittiche kommen nicht besonders lange ohne Futter aus. Bereits 24 Stunden ohne Nahrung können lebensgefährlich sein. Deswegen muss immer ausreichend Körnerfutter vorhanden sein. Allerdings können Wellensittiche nicht nach Futter suchen. Deswegen können sie vor einem vollen Futternapf verhungern, wenn oben eine relativ dünne Schicht Spelzen (leere Samenhülsen) darauf liegt. Besonders die Futterautomaten mit nachrutschendem Futter, bei denen scheinbar noch ausreichend Futter vorhanden ist, können gefährlich werden. Aber auch die normalen Futterbehälter müssen jeden Tag überprüft werden, die Spelzen werden dabei am besten weggeblasen. Als Nahrung für einen Wellensittich pro Tag sind zwei gehäufte Teelöffel Körnerfutter einzuplanen.
Bei ausschließlicher Körnerfütterung kommt es leicht zu Mangelerscheinungen. Um diesen vorzubeugen, sollten Sie sich mit der Fütterung Ihrer Vögel etwas Mühe geben und die Speisepalette abwechslungsreich und frisch gestalten.

▶ SO FÜTTERN SIE RICHTIG

Verdorbenes Futter erkennen
Im Futter müssen die Körner alle lose liegen und dürfen nicht zusammenkleben. Dann können sie mit Schimmel oder Ungeziefer infiziert sein. Auch müssen die Körner zum größten Teil glänzen, weißliche Beläge deuten auf Schimmel hin. Frisches Futter hat einen angenehmen, leicht würzigen Geruch (oder riecht nach den Zusätzen, etwa Eukalyptus). Muffiges oder abstoßend riechendes Futter ist verdorben und darf nicht mehr verfüttert werden. Angebrochene Futterpackungen sollten auch zügig – innerhalb von etwa sechs Wochen – aufgebraucht und dunkel sowie trocken gelagert werden.

Ältere Vögel ziehen manchmal ≫
Körner dem Frischfutter vor.

Hauptfutter, Körnerfutter

Wellensittiche müssen ständig als Nahrungsgrundlage eine Körnermischung gereicht bekommen. Diese besteht aus verschiedenen Körnern, eine solche Mischung kann aus den Einzelbestandteilen durchaus auch selbst gemischt werden. Die Hauptbestandteile sind Glanz, verschiedene Hirsesorten und Hafer.

Glanz (auch Kanariensaat genannt) sind längliche, glänzende Körner, die je nach Herkunft und Sorte eine andere Länge und Farbe haben. Sie sollten etwa 25-35 % des Futters ausmachen, vielleicht auch etwas mehr.

Silberhirse sind rundliche, leicht grausilbern glänzende Körnchen. Sie sollen die bekömmlichsten Körner für Wellensittiche sein. Sie sollten zu etwa 25 % im Futter vorhanden sein.

Japanhirse wird allgemein als Lieblingsfutter der Wellensittiche bezeichnet. Sie bildet mit den anderen Hirsesorten (Senegal-, La Plata/Gelbe-, Manna-, Gold- und Rote Hirse) meist etwa 35 % der im Futter enthaltenen Körner.

Hafer (meist geschält, aber die Wellensittiche fressen auch ungeschälten) ist zu etwa 5 % enthalten.

Alle Hirsesorten sind auch als Kolben und Hafer als Rispe erhältlich. Sie können im Käfig aufgehängt oder mit speziellen Haltern angebracht werden. Die Wellensittiche turnen daran herum und haben beim Fressen viel Beschäftigung. Haferrispen können im Herbst auch selbst gesammelt und trocken und kühl gelagert werden (den Bauern natürlich vorher um Erlaubnis fragen oder einen kleinen Obolus entrichten). Wellensittiche sind geradezu verrückt nach Kolbenhirse. Da dies aber eine zu einseitige Nahrung ist, sollte sie nur nach der normalen Fütterung als Leckerbissen gereicht werden. Rote Kolbenhirse wird von den meisten Wellensittichen gegenüber der gelben bevorzugt, ist aber schwieriger zu bekommen. Das gilt auch für die seltener angebotene halbreife Hirse, die besonders vitaminreich ist.

Sesam, Hanf und Negersaat sollte nur zu maximal 5 % im Futter enthalten sein. Sie sind sehr fetthaltig und könnten zu nährstoffreich sein. Außerdem müssen sie schnell aufgebraucht werden, da sie sonst verderben und ranzig werden. Alle weiteren Körner, die für die Sittichernährung angeboten werden, können als Zusatzfutter in kleinen Menge gereicht werden.

▶ KEIMPROBE

Frisches Futter erkennen

Um zu erkennen, ob das Körnerfutter frisch ist, können wir es der Keimprobe unterziehen. Dazu wird ein Teelöffel Körner mit Wasser bedeckt, bis diese vollgesogen sind. Dann lässt man abtropfen, verteilt die Körner auf einem Küchentuch und bringt dieses an einen warmen Ort. Nach etwa 24 Stunden kann man erkennen, wie viele Körner gekeimt sind. Bei einem frischen Futter sollten es 80 % oder mehr sein, bei weniger als 50 % ist das Futter zu alt und darf nicht mehr verfüttert werden. Zu beachten ist, dass geschälter Hafer nur schlecht keimt, ungeschälter dagegen gut.

» Natürlich darf aber auch bei der besten Grundmischung niemals die Gabe von Obst, Grünzeug, Quell- bzw. Keimfutter fehlen.

Frischfutter

Keimfutter ist ein ausgezeichnetes Frischfutter, das als regelmäßige Ergänzung gereicht werden sollte. Es wird wie bei der Keimprobe beschrieben hergestellt, allerdings muss es kein Küchentuch sein, eine flache Schale ist bei größeren Mengen besser. Im Zoofachhandel können Sie auch spezielle Keimautomaten kaufen. Hier sind mehrere Kunststoffschalen übereinander gestapelt, welche auf einer Wasserschale sitzen.

Auch wenn es sich im Kühlschrank einige Tage hält, sollte nie mehr hergestellt werden, als in einer Woche verbraucht wird. Ab dem zweiten Tag gehört es dann in den Kühlschrank und wird eine Stunde vor Verfütterung zur Wärmeangleichung herausgestellt. Länger ohne Kühlung aufbewahrtes Keimfutter neigt stark zum Verschimmeln.

Fast alles an Obst und Gemüse kann ebenfalls gereicht werden. Besonders junge Vögel sollten es regelmäßig bekommen, da ältere sich kaum noch daran gewöhnen lassen. Vögel mit Kropfentzündung vertragen nur Weichfutter, wenn sie es nicht aufnehmen, weil sie es nicht kennen, sind es dann Todeskandidaten. Gemüse wie Karotten kann man einfach zwischen die Gitterstäbe klemmen, anderes Futter wird mit speziellen Haltern befestigt. Futter kann auch selbst gesammelt werden. Samenstände von Gras, aber besonders Vogelmiere und Löwenzahn sind nur einige Beispiele für gesundes Beifutter. Es muss unbedingt darauf geachtet werden, dass diese Futtermittel nicht von Flächen kommen, die gegen Unkraut oder Schädlinge gespritzt worden sind.

> **ERFOLGSTIPP**
>
> **Abwechslungsreiche Ernährung**
> Nur Körnerfutter reicht für eine erfolgreiche und langjährige Haltung nicht aus.

➤ Solange frisches Obst nur leichte Verfärbungen hat ist es zur Verfütterung geeignet, sobald jedoch Verschmutzungen und braune Stellen zu sehen sind sollte man das Futter schleunigst entsorgen.

Beifutter und Leckereien

Körnerfutter alleine ist nicht ausreichend. Deswegen befinden sich im normalen Wellensittichfutter immer Zusätze. Darunter gibt es notwendige und solche, die dem Wellensittich gut schmecken, aber nicht unbedingt notwendig wären.

Besonders notwendig sind Zusätze von Jod, denn sie verhindern Schilddrüsenerkrankungen. Wer sein Futter selbst mischt, besorgt sich dazu einfach getrockneten Seetang (Reformhaus) und mischt diesen unter. Häufig werden so genannte Kräcker angeboten. Körner, getrocknete Früchte und Honig sind auf Holzstäben verklebt. Natürlich müssen auch hier die Wellensittiche arbeiten, um an ihr Futter zu kommen, dafür ist dieses aber vor allem durch den Honig viel zuckerreicher und somit kalorienreicher, deswegen darf ein solcher Kräcker nur Zusatzstoff bleiben. Ansonsten kann es zur Verfettung kommen.

Zum Beifutter zählen auch Vitamine. Vor allem im Winter, wenn nicht ausreichend Frischfutter zur Verfügung steht, kann ein spezielles Vitaminfutter als Beimischung gute Dienste leisten. Aber auch Keimfutter ist besonders vitaminreich und hilft über die kalte Jahreszeit. Gerade Wellensittiche mit viel Freiflug setzen sich auch gerne mal an den Essenstisch. Gewürzte Speisen sind nichts für sie. Aber gegen ein paar Reiskörner oder eine Nudel ist nichts einzuwenden, solange keine Soße dran ist. Allerdings dürfen wir die Vögel nicht daran gewöhnen, dass sie regelmäßig etwas abbekommen, sonst bekommen wir sie kaum noch vom Teller ferngehalten oder müssen sie zur Essenszeit einsperren.

▶ SCHÄDLICHE NAHRUNG

Was Wellensittiche nicht bekommen dürfen!
Abgesehen davon, dass natürlich nur Frischfutter verfüttert werden darf, ist die Liste der Futtersorten, die wir nicht an Wellensittiche verfüttern dürfen, nicht besonders lang. An erster Stelle sind Kartoffeln und Bohnen zu nennen, die für Wellensittiche giftige Stoffe enthalten können. Gespritzte Lebensmittel enthalten häufig zu viele Pestizide, Waschen allein hilft nicht immer. Auch fettreiche Lebensmittel wie Avocados sind nicht geeignet. Das gleiche gilt für Salz und Zucker.

» Kolbenhirse wird fast jedem Futter vorgezogen.

» Wer darf zuerst baden?

Nagefutter

Wie bereits mehrfach erwähnt, brauchen Wellensittiche auch Kalk. Dieser kann als Grit (oft in Futtermischungen enthalten) und Mineralstein angeboten werden. Sepiaschalen können als Ergänzung, nicht aber als Ersatz gereicht werden. Besonders gerne werden auch frische Zweige (Obst, Weide, alles, was ungiftig ist) benagt. Sie tragen erheblich zum Wohlbefinden der Vögel bei. Wichtig ist, dass sie nicht den Vogel beim Fliegen behindern, in kleineren Käfigen dürfen nur kleine Mengen auf einmal eingebracht werden.

Wasser

Wellensittiche können zwar länger ohne Wasser als ohne Futter auskommen, weil sie einen Teil der benötigten Feuchtigkeit sogar mit trockenen Körnern aufnehmen. Trotzdem sollte in ihrem Käfig immer ein Gefäß mit frischem Wasser stehen, das jeden zweiten Tag gewechselt werden muss. Einfaches Leitungswasser reicht nicht nur vollkommen aus, es bietet auch viele der notwendigen Spurenelemente. Es darf nicht abgekocht werden, weil dadurch einige dieser Spurenelemente verloren gehen. Ein besonderes Wasser, wie es gelegentlich für Wellensittiche angeboten wird, ist nicht notwendig, schadet aber auch nicht. Wellensittiche probieren alle Flüssigkeiten, die sie finden. Dazu setzen sie sich auf den Glasrand und versuchen zu trinken. Alkoholische Getränke bekommen ihnen besonders schlecht, aber auch sonst sollte kein unbeaufsichtigtes Glas oder eine Blumenvase während des Freiflugs herumstehen.

Zu dünne oder pummelige Wellensittiche

Den Ernährungszustand eines Wellensittichs kann man eigentlich sicher nur erkennen, wenn man ihn in die Hand nimmt. Wenn man dabei das Brustbein deutlich fühlen kann und es etwas vorsteht, ist der Vogel zu dünn. Haben wir vielleicht nicht regelmäßig die Spelzen weggeblasen? Wenn eine Krankheit (Kotkontrolle!) ausgeschlossen werden kann, sollten vorübergehend mehr Leckerbissen wie Kräcker gereicht werden.

Viel häufiger sind jedoch zu dicke Wellensittiche. In der Natur müssen sie kilometerweit zur Nahrungssuche fliegen, auch viel Freiflug ist kein Ersatz dafür. Gerade Weibchen neigen dazu, sich einen kleinen Vorrat anzufressen. In der Natur wird das für Zuchtzeiten benötigt. Bei uns ist das aber nicht notwendig. Als Gegenmaßnahme werden erst einmal alle Leckereien weggelassen wie Kräcker und auch Kolbenhirse. Das Körnerfutter darf keine Fettsaaten (z. B. Sesam, Negersaat) enthalten. Zusätzlich wird viel kalorienarmes Obst und Gemüse verabreicht. Eventuell kann man das Futter am Boden ausstreuen, dann muss der Wellensittich es sich selbst zusammensuchen. Viel Freiflug ist natürlich hilfreich, aber gerade die etwas pummeligeren Vögel lassen sich nur schwer dazu überreden. Indem man sie an Stellen außerhalb des Käfigs setzt, von denen sie zum Käfig zurückfliegen müssen, kann man das Ganze etwas unterstützen.

Je größer die Futterschale ist,
desto weniger Spelzen verhindern
das Finden der Körner, aber es besteht
mehr Verschmutzungsgefahr.

» Wird eine Futterrispe nicht aufgehängt, sondern wie hier als Sitzgelegenheit angeboten, kann es schnell zur Verschmutzung durch Kot und Gefieder kommen.

» Obstbaumblüten sind eine ganz besondere Delikatesse.

Anatomie

Augen

Die sichtbaren Teile der Augen bestehen aus Iris und Pupille. Die Iris kann schwarz oder dunkelbraun sein, bei Inovögeln auch rot. Der Irisring ist weiß oder schwarz, bei schwarzer Pupille und schwarzem Irisring sieht es so aus, als ob das Auge einfarbig und nicht gegliedert wäre.

Über Pupille und Irisring liegt zuerst die Nickhaut, die seitlich über das Auge geschoben wird. Darüber sitzen das Ober- und Unterlid, die beide mit feinen Wimpern versehen sind.

Wellensittiche können sehr gut sehen. Sie sollen etwa 150 Bilder/Sekunde erkennen können (Mensch: 24 Bilder/Sekunde), damit können sie angreifenden Feinden (also im Zweifelsfalle auch der Hand) besonders gut ausweichen.

Ohren

Nur bei jungen oder nassen Vögeln, manchmal auch in der Mauser, sind die Ohren zu erkennen. Sie liegen schräg unter dem Auge und haben keine Ohrmuscheln, sondern sind praktisch nur kleine Löcher.

Wellensittiche hören sehr gut, können aber keine tieferen Töne (unter etwa 400 Hz) hören. Dafür können Sie im Ultraschallbereich bis etwa 20.000 Hz noch Töne wahrnehmen.

Nase

Die Nase wird bei Wellensittichen allgemein als Wachshaut bezeichnet. An ihr kann man die Geschlechter erkennen (siehe Männchen oder Weibchen?). Die beiden Öffnungen dienen dabei als Geruchsorgan. Wie gut Wellensittiche riechen können, ist wohl noch unbekannt. Wahrscheinlich können sie nicht besonders gut riechen.

Lauf, Zehen und Krallen

Das Bein eines Wellensittichs besteht aus Ober- und Unterschenkel, Zehen und Krallen. Der Oberschenkel ist meist im Gefieder nicht sichtbar. Der unbefiederte Unterschenkel ist gut zu erkennen. Daran schließen sich die gut durchbluteten Zehen an, auf denen die Krallen sitzen. Die Farbe der Krallen kann je nach Farbschlag heller oder dunkler sein. Wie beim Krallenschneiden vorzugehen ist, wurde bereits beschrieben. Die Krallen sind aber darüber hinaus bei zahmen Vögeln, die sich problemlos auf den Finger setzen lassen, ein guter Gesundheitsindikator.

Die normale Körpertemperatur eines Wellensittichs liegt zwischen 41 und 42,4 °C. Die Füße sind 2-3 °C kühler. Sie fühlen sich deutlich warm, aber nicht heiß an. Ist die Außentemperatur zu hoch (abstehende Flügel) oder hat der Vogel Stress durchlitten, kann sie steigen. Dann fühlen sich die Füße heiß an, kühlen aber bei Abkühlung und Ruhe schnell wieder ab. Heiße Füße über einen längeren Zeitraum können auf Übergewicht hinweisen. Hat der Vogel keine Fettpolster, ist meist eine Niereninfektion vorhanden, die dringend tierärztliche Behandlung erfordert.

Länger andauernde kalte Füße – außer nach dem Bad oder Stress – sind ebenfalls ein Alarmzeichen. Wirkt der Vogel zusätzlich sehr ruhig und schläft sehr lange, ist ebenfalls eine Krankheit zu befürchten. Auch hier kann nur der Tierarzt Genaues feststellen, eine Rotlichtbestrahlung kann kurzfristig etwas helfen.

Schnabel

Wie alle Papageienvögel haben Wellensittiche einen so genannten Hakenschnabel, der aus Ober- und Unterschnabel besteht. Beide sind gut durchblutet. Der lange Oberschnabel verdeckt den kurzen Unterschnabel. Durch Wetzen wird der Oberschnabel immer in der richtigen Form gehalten. Wenn dies nicht geschieht, muss er beschnitten werden (siehe Pflege).
Der Unterschnabel, auf dem die runde, dicke Zunge aufliegt, ist fast nur bei geöffnetem Schnabel sichtbar. Hält der Wellensittich den Kopf nach oben oder ist er nass, erkennt man, dass sich zwischen Unterschnabel und Kehle eine kleine Lücke befindet. Der Oberschnabel ist beweglich, der Unterschnabel starr.

Federn und Bürzeldrüse

Die Federn bestehen aus dem Federkiel, mit dem sie in der Haut sitzen, dem Federschaft, der für die Nährstoffversorgung verantwortlich ist und daher zahlreiche Blutgefäße trägt, dem flaumigen Unterteil und der Federfahne, also den offen liegenden feinen Federteilen. Die letzteren beiden wachsen aus dem Federschaft heraus.
Direkt über dem Schwanz liegt unter den Federn die Bürzeldrüse. Mit dem dort produzierten Fett reiben sich die Wellensittiche ihr Gefieder ein, damit es Wasser abweisend bleibt. Meist wird es mit Schnabel und Zunge aufgenommen und die Federn werden dann scheinbar durchgekaut. Der Hinterkopf wird direkt über die Bürzeldrüse gerieben, der Bauch- und Kloakenbereich wird mit dem Fuß bearbeitet.
Das Gefieder wird jährlich einmal in der Mauser gewechselt. Mehr dazu unter Pflege.

Kloake

Wellensittiche haben nur eine einzige Öffnung zum Ausscheiden von Abfallstoffen wie Kot und Urin, aber auch Eiern und Sperma. Diese sitzt unterhalb des Bauchs. Bei gesunden Vögeln ist sie kaum zu erkennen. Verklebte Federn um die Kloake sind ein Krankheitszeichen.

Kropf

Wellensittiche haben – wie andere Vögel – einen Kropf. Dieser ist praktisch ein kleiner Sack, der unter der Speiseröhre und über dem Ansatz der Brustmuskulatur liegt. Dort wird das Futter vorverdaut, bevor es in den Magen gelangt. Besonders für Jungvögel und bei der Jungenaufzucht ist der Kropf wichtig. Die Schleimhaut im Kropf ist recht empfindlich und kann durch Fremdgegenstände (etwa Kunststoffteilchen) leicht beschädigt werden. Dann kann es zur gefährlichen Kropfentzündung kommen.

Krankheit und Alter

Gesundheitsvorsorge

Wir haben großen Einfluss auf die Gesundheit unserer Wellensittiche. Abwechslungsreiches, frisches Futter, sauberes Wasser und die regelmäßige Reinigung des Käfigs sind ebenso wichtig wie viel Freiflug und der Verzicht auf Einzelhaltung. Dann ist das Immunsystem fast immer in Ordnung und die Wellensittiche erkranken nicht.

Eine Krankheit ist immer zu vermuten, wenn das Verhalten sich plötzlich und ohne erkennbaren Grund verändert. Neben deutlichen Kennzeichen in Gefieder und Kot ist auch immer ein längeres Sitzen mit aufgeplustertem Gefieder (vor allem am Boden) ein Warnzeichen.

Mit dem Wellensittich zum Tierarzt?

Viele Leute können sich nicht vorstellen, dass man mit einem Wellensittich zum Tierarzt geht, aber tatsächlich sollte das ganz normal sein. Viele Tierärzte, vor allem solche mit Kleintierpraxis, haben oft durchaus Erfahrung mit Wellensittichen und können in vielen Fällen helfen. Da sich die Kosten – neben dem Aufwand – auch nach dem Wert des Tieres richten, sind sie meist niedrigerer, als man vielleicht denkt. Manche Tierärzte machen auch Hausbesuche, aber dann muss natürlich auch die Anfahrt bezahlt werden.

Erkundigen Sie sich direkt beim Kauf nach einem Tierarzt in der Nähe, welcher Erfahrung mit der Behandlung von Wellensittichen hat. Diese Adresse muss immer für Notfälle parat liegen.

Krankheiten

Wellensittiche können an einer Vielzahl von Krankheiten erkranken. Hier alle aufzuzählen, würde den Rahmen dieses Buches sprengen. Deswegen können nur einige wichtige und leicht zu behandelnde Erkrankungen aufgeführt werden.

>> Während der Gefiederpflege ist ein Aufplustern des Federkleides unabdingbar. Mit Hilfe ihres Schnabels tragen Wellensittiche Gefiederfett aus der Bürzeldrüse auf jede einzelne Feder auf, was ihnen am besten gelingt, wenn diese aufgerichtet sind. Die Gefiederpflege findet bei Wellensittichen normalerweise täglich mindestens einmal statt und ist ein Zeichen dafür, dass sich die Tiere fit und gesund fühlen.

Allgemeine Anzeichen

Verschmierte Federn, Vögel, die mit aufgeplustertem Gefieder am Boden hocken oder besonders viel schlafen, verdreckte Federn, Ausfluss aus der Nase, Fressverweigerung und eigentlich jedes besonders stark abweichende Verhalten sind Anzeichen, die nicht ignoriert werden dürfen. Wenn irgend möglich, sollte man die Ursache dafür herausfinden.

Gehirnerschütterung

Beim Freiflug kann es, vor allem bei Wellensittichen in einer neuen Umgebung, zum Anflug gegen Scheiben oder andere Gegenstände kommen. Betroffene Vögel sitzen ruhig am Boden oder liegen sogar dort. In schweren Fällen können sie sich nicht auf der Stange halten. Decken Sie den Käfig mit einem Tuch ab und geben Sie dem Wellensittich Ruhe. Als Nahrung darf nur eingeweichtes Futter oder Zwieback gereicht werden. Bei Bewusstlosigkeit sollte er in eine weich gepolsterte Schachtel mit Luftlöchern gelegt werden. Wenn sich die Krankheitszeichen nicht bald bessern, ist ein Tierarztbesuch nötig. Länger als 15 Minuten darf die Bewusstlosigkeit nicht dauern. Auf keinen Fall darf Rotlichtbestrahlung erfolgen, der Körper könnte überhitzen.

Bein- oder Flügelbruch

Beim Anfliegen an Gegenstände kann es zu einem Bein- oder Flügelbruch kommen. Unnatürliche Beinhaltung und ein Hängen des Flügels sind Hinweise, der Vogel fliegt auch nicht mehr. Eine solche Beeinträchtigung muss sofort fachkundig behandelt werden (vom Tierarzt), dann lässt sich fast immer eine nahezu vollständige Heilung erzielen.

>> **Mit wenig Aufwand kann man Spielzeug auch selber bauen.**

Verbrennungen

In Räumen mit heißen Herdplatten oder brennenden Kerzen sollten Wellensittiche nie Freiflug erhalten. Kommt es trotzdem zu einem Unfall, muss unbedingt erst einmal für Kühlung gesorgt werden. Hilft eine leichte Brandsalbe nicht weiter, ist ein Tierarzt zu konsultieren.

Durchfall

Durchfall ist für Wellensittiche aufgrund ihrer hohen Stoffwechselrate gefährlich und schnell lebensbedrohend. Aber nicht jedes Kötel, das nicht ganz fest ist, ist schon Durchfall. Nach dem Trinken wird mehr Urin abgegeben, besonders nach dem Baden oder nach Frischfutteraufnahme kann der Kot einige Zeit weich sein. Erst wenn er richtig zerfließt und keine andere Ursache erkennbar ist, sollte unbedingt behandelt werden. Vogelkohle und Heilerde können die Symptome bekämpfen. Ist die Ursache jedoch eine bakterielle Infektion, kann nur der Tierarzt weiterhelfen.

Erkältung

Niesen gehört bei Wellensittichen zu den normalen Lebensäußerungen. Das kann auch schon mal feucht sein. Ausfluss im Nasenbereich, leichter Husten und Atemgeräusche sind aber nicht normal und deuten auf eine Erkältung hin, meist entstanden, wenn der Vogel Zugluft ausgesetzt war. In schweren Fällen oder wenn er regelrechten Auswurf hervorwürgt und nach den Hustenanfällen entkräftet am Boden sitzt, sollte unbedingt ein Tierarzt aufgesucht werden. In leichten Fällen kann auch eine Bestrahlung mit einer Infrarot-Wärmelampe oder ein Dampfbad helfen. Neben den Käfig wird eine Schale mit einem heißen Kamillenbad (es gehen auch Pfefferminzöltropfen) gestellt, über beide wird dann für zehn Minuten ein Tuch gelegt. Danach ist sicherzustellen, dass der kranke Wellensittich keinerlei Zug bekommt.

Bindehautentzündung

Gelegentlich kommt es bei Wellensittichen zu Entzündungen der Bindehaut im Bereich des Auges und der Nasenhaut. Diese sind meist stark juckend und der Vogel vergrößert die betroffene Stelle durch ständiges Kratzen. Ein Besuch beim Tierarzt kann hier Abhilfe schaffen und ist auch wegen einer anderen möglichen Krankheit notwendig:

Papageienkrankheit

Zeigt Ihr Wellensittich nach weniger als vier Monaten Anwesenheit in Ihrem Haushalt Erscheinungen wie Bindehautentzündung (oft einseitig), Nasenausfluss und Atemgeräusche, gelegentlich auch einen grünlichen, dünnen Kot, dann kann es sich auch um eine Infektion mit der Vogelkrankheit Ornithose (früher auch als Psittacose oder Papageienkrankheit bezeichnet – sie kann aber von vielen anderen Vögeln übertragen werden – handeln. Diese Krankheit ist meldepflichtig (siehe auch Zucht) und für den Menschen höchst gefährlich. An der Vogelkrankheit erkrankte Personen können unbehandelt daran sterben. Eine Infektion macht sich durch grippeähnliche Symptome wie Kopf- und Gliederschmerzen, Atembeschwerden und Fieberanfälle bemerkbar. Gehen Sie deswegen unbedingt zu einem Tierarzt, wenn auch nur der Verdacht besteht. Wird die Diagnose Ornithose gestellt, müssen alle Vögel des Bestands und alle Menschen, die Symptome zeigen, unbedingt mit Antibiotika behandelt werden. Früher wurden die Vogelbestände in Gänze abgetötet, heute lassen sich bei rechtzeitiger Diagnose (die Wellensittiche sterben unbehandelt etwa zwei bis zehn Wochen nach Ausbruch der Krankheit) normalerweise alle Vögel retten.

» Zu zweit macht das Auseinandernehmen von Baumrinde noch viel mehr Spaß!

Kropfentzündung

Vor allem bei einzeln gehaltenen Vögeln, die einen Spiegel füttern wollen, kann es zu einer Kropfentzündung kommen. Diese Vögel sitzen apathisch auf einer Stange, schleudern mit gelblichem Schleim überzogene Körner aus dem Schnabel und haben auch einen mit diesem Schleim verklebten Schnabelbereich. Auch hier hilft nur ein schneller (!) Besuch beim Tierarzt, der mit Antibiotika helfen kann. Wie bei allen Antibiotikaanwendungen ist es unbedingt notwendig, die Behandlung nicht nur bis zum Verschwinden der Symptome, sondern einige Tage darüber hinaus fortzusetzen.

Going-Light-Syndrom

Ganz ähnliche Erscheinungen, aber einen längeren Verlauf hat das Going-Light-Syndrom (GLS), bei dem der Wellensittich zusätzlich Körner im Kot hat. Hier muss auch schleunigst geholfen werden. Neben einer Antibiotikabehandlung scheinen hier pilzhemmende Mittel (Fungizide) hilfreich zu sein, vor allem Thymian (als Futterzusatz wie auch als kalter Tee statt Trinkwasser) soll helfen. Unbehandelt führt GLS zum Tod.

Legenot

Weibchen können auch ohne Zuchtkasten in seltenen Fällen Legenot bekommen. Sie können dann das Ei, das im Eileiter bereit liegt, nicht ablegen. Es sitzt dann breitbeinig, aufgeplustert und schwer atmend auf einer Stange und frisst auch nicht mehr. Ein schneller Besuch beim Tierarzt ist unbedingt notwendig, denn unbehandelt kann Legenot innerhalb von zwölf Stunden zum Tod führen. Von eigenen Versuchen sei dringend abgeraten, denn ein zerbrochenes Ei kann schwere innere Verletzungen hervorrufen.

Fühlt sich ein Sittich unwohl, sitzt er ≫ teilnahmslos und aufgeplustert in einer Ecke des Käfigs oder des Zimmers, manche Tiere verstecken sich regelrecht.

Parasiten

Wellensittiche können sich eine Vielzahl von Parasiten einfangen. Vor allem Milben sind gar nicht selten. Dabei bilden sich meist Beläge (an den Beinen oder im Schnabelbereich), die oft stark jucken. So genannte Federlinge (Milben im Gefieder) befallen oft jüngere Vögel. Eine genaue Diagnose kann nur mittels Mikroskop oder durch den Tierarzt erstellt werden. Letztere haben auch sehr wirksame Therapien gegen Milben; die frei verkäuflichen Mittel haben sich als meist nicht sonderlich gut wirksam erwiesen.

Tumoren

Neben den harmloseren Tumoren (Fetttumoren, so genannte Lipome, die durch Mangel an Bewegung und Verfettung entstehen) können auch an nahezu jedem inneren Organ, aber auch an vielen äußeren Stellen bösartige Tumoren entstehen. In Ausnahmefällen kann, wie auch bei Lipomen, eine Operation versucht werden, fast immer wird aber ein Einschläfern nötig sein, damit der Vogel nicht unnötig leidet.

Das Alter

Bei einem Wellensittich im Alter von vier bis sechs Wochen spricht man von nestjung, danach bis zum sechsten Monat sind es Jungvögel. Die Geschlechtsreife wird ab etwa drei und mit spätestens sechs Monaten erreicht, dann beginnt auch die erste, bis über drei Monate andauernde Jugendmauser. Brüten sollten Wellensittiche erst, wenn sie ein Jahr oder älter sind, aber nur bis zum Alter von etwa sechs Jahren.

Wellensittiche können ein Alter von bis zu fünfzehn Jahren erreichen, der Rekord steht sogar bei 18 Jahren. Unzureichende Ernährung und vor allem auch Zuchtanstrengungen führen dazu, dass selbst ein Alter von zehn Jahren nur von einem Teil der Wellensittiche erreicht wird. Wenn wir nicht züchten und immer abwechslungsreich und gesund füttern und für viel Freiflug sorgen, können eben einige Jahre dazukommen.

Ab etwa acht Jahren werden Wellensittiche deutlich ruhiger. Bei den Weibchen kann sich die Nasenhaut auch in Richtung Grau verändern, auch die des Männchens kann heller werden. Die Vögel fressen weniger und trinken mehr, haben auch ein höheres Ruhebedürfnis und schlafen mehr. Leider sind sie dann auch krankheitsanfälliger. Wenn es nicht mehr geht, sollten wir unsere Vögel dann auch nicht leiden lassen.

≫ Wenn man seinem verstorbenen Wellensittich im Garten beerdigt, lässt sich angemessen Abschied nehmen von dem liebgewonnenen Mitbewohner.

Der Abschied

Ist eine Krankheit nicht heilbar oder der Vogel alt, kommt es oft zu Beschwerden. Wir sollten den Vogel dann nicht leiden lassen, sondern ihn erlösen. Dazu wird ein Tierarzt aufgesucht. Gemäß Tierschutzgesetz muss der Wellensittich erst betäubt werden, bevor er dann endgültig einschläft.

Der tote Vogel kann dann zum Beispiel im Garten vergraben werden. Es gibt auch einige Tierfriedhöfe und selbst Krematorien für Tiere, da müssen Sie sich jedoch vor Ort erkundigen, Tierärzte wissen meist darüber Bescheid. Wellensittiche dürfen auch über den Hausmüll entsorgt werden, aber das werden viele Vogelfreunde ihrem langjährigen Hausgenossen nicht antun wollen.

▶ ABSCHIED NEHMEN

Für viele Wellensittichfreunde ist der Abschied vom geliebten Hausgenossen schwer. Im Internet finden sich zahlreiche Foren, in denen Sie sich mit Gleichgesinnten austauschen können und vielleicht auch Tipps finden, wie sie einen eventuell übrig gebliebenen Einzelvogel schnell wieder mit einem neuen Partner vereinen können.

Zucht

Gesetzliche Grundlagen

Um die Ornithose eindämmen und einen Ausbruch sicher zurückverfolgen zu können, hat in Deutschland der Gesetzgeber die Zucht in der Tierseuchenverordnung und der Psittakosenverordnung unter den Genehmigungsvorbehalt gestellt. Auch das Tierschutzgesetz regelt in § 2, dass ein Züchter Sachkunde nachweisen muss (das gilt eigentlich schon für Halter, der diese haben, aber nicht nachzuweisen braucht), und in § 11, dass die gewerbsmäßige Zucht ebenfalls von einer Erlaubnis abhängig ist. Die Genehmigung erteilt der örtlich zuständige Amtstierarzt, sie kann auch beim Ordnungsamt beantragt werden. Die Erteilung ist von Ort zu Ort verschieden geregelt. Der Amtstierarzt wird sich die zukünftigen Zuchträume ansehen, ob sie unter hygienischen Gesichtspunkten geeignet und nicht tierschutzwidrig sind. Wichtig ist auch, ob ein Quarantäneraum zur Verfügung steht. Zusätzlich muss der zukünftige Züchter die Sachkunde nachweisen, was in einem mündlichen Gespräch, aber auch in einer schriftlichen Prüfung erfolgen kann. Erst dann wird die Zucht- und Handelsgenehmigung erteilt. Unter Vorlage dieser kann ein zukünftiger Züchter bei der Wirtschaftsgemeinschaft Zoologischer Fachbetriebe (WZF) offene Ringe oder bei einem der Zuchtverbände geschlossene Ringe kaufen.

Wer meint, für eine Hobbyzucht bräuchte man diese Genehmigung nicht, der irrt, auch wenn alle Jungvögel selbst behalten werden sollen. Der Gesetzgeber sieht für das Umgehen dieser Verordnungen Geldbußen bis zu 10.000 Euro vor. Wer ohne Absicht zu züchten von seinem Pärchen erstmals überrascht wird, kann jedoch beim Amtstierarzt vorstellig werden, der für diesen einen Fall eine Ausnahmegenehmigung ausstellen kann, mit der man Ringe erwerben kann. Er ist jedoch nicht dazu verpflichtet, wenn er es nicht tut, muss man die Zucht beenden, etwa durch Austausch der Eier gegen Gipseier.

Ringe

Ein Wellensittichring ermöglicht die Zuordnung des Vogels zu einem Züchter, denn auf ihm steht das Zuchtjahr, eine Züchternummer, die nur diesem Züchter zugeteilt wurde, sowie eine fortlaufende Nummer. Der Züchter notiert bei jedem Verkauf, an wen der Vogel ging, ein eben solches Nachweisbuch führt jeder Händler. Aus diesem Grund darf der Ring nicht ohne triftigen Grund (Entzündung, der Vogel knabbert ständig daran) entfernt werden und muss selbst dann aufbewahrt werden. Jeder Käufer sollte sich die Ringnummer notieren. Denn wenn der Wellensittich einmal weggeflogen ist, kann über das zentrale Register der Wellensittichringe beim Ringdienst des ZZF (Adresse s. Anhang) Meldung gemacht werden und vielleicht hat ihn ja jemand gefunden.

Man unterscheidet zwischen offenen und geschlossenen Ringen. Die offenen Ringe können auch später noch angelegt werden, die geschlossenen müssen Jungvögeln im Nest übergestreift werden, da sie sonst nicht passen, und gelten daher als Selbstzuchtnachweis. Sie werden von den Zuchtverbänden (Adressen s. Anhang) gegen Vorlage der Genehmigungen ausgegeben. Da hier vor allem Ausstellungsvögel gezüchtet werden, die ohne geschlossenen Ring nicht ausgestellt werden dürfen und nicht in den normalen Handel gelangen, haben die „Hansi-Bubi-Vögel", die sich fast ausschließlich im Zoohandel befinden, fast immer offene Ringe. Kaufen Sie jedenfalls niemals Wellensittiche ohne Ring.

» **Zwei Männchen vertragen sich fast immer sehr gut miteinander.**

Zucht

Wer sich ernsthaft mit der Zucht beschäftigen will, der muss sich über Farbschläge und Vererbungsregeln sowie die bei der Zucht möglicherweise auftretenden Probleme ausführlich informieren. Das ist mehr, als dieses Buch leisten kann und will. Deswegen soll nur kurz geschildert werden, wie sich Wellensittiche vermehren.

Weibchen geraten nur in Brutlust, wenn sie auch eine geeignete Brutstelle haben. Bei Wellensittichen ist dies eine kleine Höhle, also ein geschlossener Brutkasten, der vorne ein Loch und oben eine Kontrollklappe (auch zur Reinigung) haben sollte. Nach der Paarung, bei der das Männchen auf dem Weibchen aufreitet (es „tritt"), sucht das Weibchen bald die Höhle auf und legt sein erstes Ei. Alle zwei Tage (selten schon am nächsten) wird ein weiteres Ei gelegt. Da vom ersten Tag an gebrütet wird, schlüpfen die Jungen auch im Abstand von ein bis zwei Tagen. Ein Gelege kann über zehn Eier umfassen, gute Weibchen können etwa bis zu zehn aufziehen.

Die Brutzeit beträgt etwa zweieinhalb Wochen. In den ersten Tagen nach dem Schlupf erhalten die Jungvögel die so genannte Vormagenmilch, ein Sekret, das im Vormagen produziert und vom Weibchen hochgewürgt wird. Erst dann wird normales Aufzuchtfutter verwendet, also etwa vorverdauter Körnerbrei. Mit einer Woche sind die ersten Federkiele zu sehen, mit gut zwei Wochen können sie erstes Grünfutter aufnehmen. Mit vier Wochen schauen die ersten Jungvögel schon aus dem Kasten, die letzten werden ihn mit etwa sechs Wochen verlassen. Etwa eine Woche werden sie dann noch von den Eltern gefüttert und lernen selbst zu fressen. Jungwellensittiche dürfen erst dann abgegeben werden, wenn sie futterfest sind. Das kann mit fünfeinhalb Wochen der Fall sein, wer sicher sein will, wartet bis zur achten Woche.

Der Nistkasten muss täglich vorsichtig gereinigt oder gegen einen sauberen ausgetauscht werden. Gerade junge Weibchen können auf Störungen empfindlich reagieren, diese sind auf ein Minimum zu beschränken. Aber Jungvögel, deren Kot nicht entfernt wird, können Fußdeformationen davontragen.

Offene Ringe können direkt vor dem Verkauf angelegt werden. Geschlossene Ringe jedoch müssen zwischen dem sechsten und achten Lebenstag aufgezogen werden. Geschieht es zu früh, fällt der Ring wieder ab, danach passt der Ring nicht mehr über die Zehe. Da das Anlegen nicht ganz einfach ist, sollten sich angehende Züchter diesen Vorgang von einem erfahrenen Beringer zeigen lassen. Klappt es einmal nicht, muss ein offener Ring angelegt werden; dieser Vogel kann dann noch zu Zuchtzwecken eingesetzt oder über den Zoohandel vermarktet werden, er darf aber nicht auf Ausstellungen gezeigt werden.

Mehr als zwei Bruten pro Weibchen und Jahr sollte man nicht zulassen und durch Entfernen der Nisthöhle durchsetzen, damit das Weibchen nicht zu stark geschwächt wird. Die meisten Züchter setzen ihre Weibchen nur bis zum sechsten Lebensjahr an.

Wer sich ernsthaft mit der Wellensittichzucht beschäftigen will, der sollte Kontakt zu anderen Züchtern aufnehmen. Das geht am besten bei einem Besuch einer regionalen oder überregionalen Ausstellung der verschiedenen Zuchtverbände (siehe Anhang).

Links

Das Internet ist eine wahre Fundgrube für Informationen aller Art, allerdings widersprechen sich diese manchmal und müssen entsprechend kritisch gelesen werden. Zum direkten Informationsaustausch gibt es zahlreiche Foren. Dort können Fragen gestellt werden, die oft mehr oder weniger kompetent (in guten Foren meist mehr) beantwortet werden. Es lohnt sich auch immer, durch die älteren Fragen zu schauen, bevor man die eigene stellt, denn vielleicht liegen Frage und Antwort ja schon passend vor. Auch viele Verkaufsangebote von Züchtern lassen sich dort finden, jedoch meist nur für die größeren, schwereren und teureren Standardwellensittiche.

www.8ung.at/wellensittich/

www.birds-online.de

www.sittiche.de

www.sittich-info.de

www.sittichfreund.de

www.vwfd.de

www.wellensittich.de (auch Hochzucht)

www.wellensittich.net (großes Forum)

www.wellensittichforum.de (großes Forum)

www.welli.addict.de

(Der Verlag Eugen Ulmer ist nicht für den Inhalt der Links verantwortlich!)

Adressen

Folgende Zuchtverbände beschäftigen sich ausschließlich mit Wellensittichen oder unterhalten größere Abteilungen, die Wellensittichzucht betreiben:

Deutscher Wellensittichzüchter-Verein in der AZ – Vereinigung für Artenschutz, Vogelschutz und Vogelhaltung (AZ) e.V.

Geschäftsstelle:
Helmut Uebele, Geschäftsstelle
Postfach 1168
71501 Backnang
Telefon: 0 71 91 / 8 24 39
Telefax: 0 71 91 / 8 59 57
www.azvogelzucht.de

Deutsche Standard-Wellensittich-Züchter-Vereinigung e.V. (DSV)

Maria Heinrich, Geschäftsstelle:
Amselweg 1
97332 Volkach
Tel / Fax: (0 93 81) 14 31
www.dsv-ev.de

Fachgruppe Sittiche und Exoten im Deutschen Kanarien- und Vögelzüchter-Bund e.V. (DKB)

Dieter Wirges, Bundesgeschäftsführer
Oberdorf 19
64572 Büttelborn
Telefon 0 61 52 / 92 78 51
Telefax 0 61 52 / 91 15 82
www.dkb-online.de

Verein der Wellensittich-Freunde Deutschland (VWFD) e.V.

Postfach 19 03 2550500 Köln

Telefon: 0 16 3 - 47 39 318 (Mo.-Fr. 18-20 Uhr)
www.vwfd.de

Österreichischer Wellensittichzüchter-Verband

2000 Stockerau, Österreich
Am Damm 34
Telefon: +43-22 66-65 36 9
Fax: +43-22 66-66 22 7
www.members.a1.net/oewv/

Ringstelle und Suchdienst für entflogene Vögel:

Öffnungszeiten: Mo–Fr 10 bis 13 Uhr
Waltraud Birth
Telefon: 0611 447553-24
Fax: 0611 447553-33
E-Mail: ringstelle@zzf.de

Zentralverband Zoologischer Fachbetriebe Deutschland e.V.

Mainzer Str. 10
65185 Wiesbaden
Telefon: 0611 447553-0
Telefax: 0611 447553-33
E-Mail: info@zzf.de

Informationen über Gesetzestexte, Sachkundeschulungen:

Bundesverband für fachgerechten Natur- und Artenschutz e.V. (BNA)
Geschäftsstelle
Postfach 11 10
76707 Hambrücken
Telefon: (0 72 55) 28 00
Fax: (0 72 55) 83 55
gs@bna-ev.de
www.bna-ev.de

Literatur

BIRMELIN, I. 2005. Wellensittiche – glücklich und gesund. 5. Aufl. Gräfe & Unzer München

BIRR, J. 2001. Das Kosmos-Buch der Wellensittiche. Kosmos-Verlag Stuttgart

GRÖSSLE, B. 2002. Gesellige Wellensittiche. 2. Aufl. Kosmos-Verlag Stuttgart

HIERONIMUS, H. 1990. Der Wellensittich. 2. Aufl. Verlag Eugen Ulmer Stuttgart

KOLAR, K. 2005. Wellensittiche. Verlag Eugen Ulmer Stutgart

NIEMANN, R. 2005. Meine Wellensittiche. 2. Aufl. Kosmos-Verlag Stuttgart

WOLTER, A. & ANDRES, U. 2004. Der Wellensittich. 5. Aufl. Gräfe & Unzer München

Bildnachweis

bede: 7, 8, 9 unten, 10, 13 beide, 14, 15 beide, 18, 19, 20 beide, 21 beide, 22 beide, 23, 24 oben, 26, 29, 31, 32, 34, 38 oben, 41, 42/43, 47, 51 oben, 52 beide, 58, 60, 61 unten, 62, Rückseite links außen
Christine Steimer: Titelfoto, alle anderen

Impressum

Bibliografische Information der Deutschen Nationalbibliothek
Die Deutsche Nationalbibliothek verzeichnet diese Publikation in der Deutschen Nationalbibliografie; detaillierte bibliografische Daten sind im Internet über http://dnb.d-nb.de abrufbar.

© 2006, 2010 Eugen Ulmer KG
Wollgrasweg 41, 70599 Stuttgart (Hohenheim)
E-Mail: info@ulmer.de
Internet: www.ulmer.de
Umschlagentwurf: Sojus Design, Kai Twelbeck, Stuttgart
Druck und Bindung: Litotipografia Alcione, Lavis
Printed in Italy

ISBN 978-3-8001-6940-5